磐安县耕地
质量评价与管理

卢淑芳　厉佛龙　马国光　主编

U0306287

中国农业科学技术出版社

图书在版编目（CIP）数据

磐安县耕地质量评价与管理／卢淑芳，厉佛龙，马国光主编 .—北京：中国农业科学技术出版社，2018.7

ISBN 978-7-5116-3005-6

Ⅰ.①磐… Ⅱ.①卢…②厉…③马… Ⅲ.①耕作土壤–土壤肥力–土壤评价–磐安县②耕作土壤–质量管理–磐安县 Ⅳ.①S159.255.4②S155.4

中国版本图书馆 CIP 数据核字（2017）第 048038 号

责任编辑	于建慧
责任校对	马广洋

出 版 者	中国农业科学技术出版社
	北京市中关村南大街 12 号　邮编：100081
电　　话	（010）82109708（编辑室）　（010）82109702（发行部）
	（010）82109709（读者服务部）
传　　真	（010）82106650
网　　址	http://www.castp.cn
经 销 者	各地新华书店
印 刷 者	北京富泰印刷有限责任公司
开　　本	710mm×1 000mm　1/16
印　　张	11　彩插 16 面
字　　数	189 千字
版　　次	2018 年 7 月第 1 版　2018 年 7 月第 1 次印刷
定　　价	50.00 元

《磐安县耕地质量评价与管理》
编 委 会

主　　编　卢淑芳　厉佛龙　马国光

副 主 编　陈红金　任周桥　殷汉琴

编写人员（按姓氏笔画排序）

马国光　卢淑芳　厉佛龙　任周桥　李卓君

陈红金　陈海恒　张晓璐　周巧钰　赵依勤

殷汉琴

主　　审　徐永平

序

　　磐安，地处浙江中部，享全国首批国家级生态示范县、国家重点生态功能区之美誉，绿水青山，地貌多样，气候独特，环境优美；农业资源丰富，特色优势显著，先后被命名为"中国药材之乡""中国香菇之乡""中国生态龙井茶之乡""中国名茶之乡""中国茶文化之乡""中国高山茭白之乡"，农耕文化，源远流长，特产之乡，名闻遐迩。

　　耕地是我们最宝贵的资源，是不可代替的生产资料，加强耕地保护和质量提升，开展耕地质量调查监测与评价，是中央的重大决策和要求，也是磐安县促进农业绿色发展的重要举措。近年来，磐安县农业局采取科学的方法与手段，组织开展全县耕地地力调查与评价，查清了县域耕地资源状况，评价了耕地生产能力，分析了土壤障碍因素，取得了全县耕地土壤肥力基础性数据；紧密结合磐安实际生产形成了不同作物配套的科学施肥技术方案，提出了磐安耕地质量管理对策；利用GIS技术和数据空间分析方法将调查获得的大量数据，转化为全面反映该县土壤特性的直观图件，建成全县耕地质量管理和配方施肥信息系统，实现了耕地资源的数字化、可视化、动态化管理，为发展高效生态现代农业、精准农业提供了系统的资源信息，为耕地保护、培肥、改良、利用规划等决策提供了科学依据。

《磐安县耕地质量评价与管理》一书汇聚了本调查研究系列成果，对磐安耕地资源保护、地力提升与合理利用，农业供给侧改革和可持续发展具有重要的指导意义，对浙江其他县市相关工作有较大的借鉴作用。

浙江省农业厅副厅长、党组成员

2018 年 6 月

前　言

　　耕地是土地资源的精华和农业生产的基础，耕地地力则是耕地生产力的核心。为全面了解磐安县耕地质量状况，磐安县农业局结合中央测土配方施肥补贴项目于 2009 年开始开展了全县耕地地力评价。磐安县各相关部门十分重视这项工作，把测土配方施肥技术推广工作和耕地地力评价工作作为提高农民科学施肥水平、促进农业持续增产增收、提升农业综合生产能力、减少农业面源污染的一项重要举措。为了做好这项工作，磐安县委托浙江省农业科学院作为技术依托单位，在浙江省农业厅的技术指导下，按照《测土配方施肥技术规范》，制定实施方案，完成了样点布设、野外调查和采样、分析测试、调查资料的整理和录入、耕地质量信息系统建立、报告编写等各项工作，较好地完成了任务。

　　这次耕地地力评价达到了查清耕地基础生产能力、土壤肥力状况和土壤障碍因素的目的，取得了一系列成果。在收集各种空间数据图件、填写属性数据表的基础上，建立了全县耕地地力管理和配方施肥信息系统，实现了图层调用、编辑、数据查询、土壤环境评价等功能，实现了耕地资源的数字化、可视化、动态化管理，对县域作物施肥知识进行形式化表达，建立作物配方施肥模型，为发展高效生态农业、精准农业提供全面、系统的信息资源，为耕地保护、培肥、改良、利用规划等决策提供依据，为农民种植生产提供指导。评价中借助了 GIS 技术和数据空间分析方法，将调查获得的大量数据转化为能全面反映本县土壤特性的直观图件，实现了测土配方施肥由点指导向面指导扩展、由简单分类指导向精确定量分类指导的转变，真正做到以点测土、全面应用；实现了由专家、技术人员通过培训、田间地头直接指导、发放施肥建议卡等传统指导方法，向利用现代信息技术进行社会化服务的先进服务形式的转变。

通过评价，完成了全县耕地和标准农田地力等级图、土壤养分图（有机质、有效磷、速效钾）、土壤 pH 值图、土壤类型图和耕地土壤环境质量图等专题图件的制作，明确了全县耕地土壤养分、耕地地力状况，初步掌握了全县耕地土壤养分的变化趋势，提出了耕地培肥方案。

为了将调查与评价成果尽快应用于生产，我们在总结调查与评价成果的基础上编写了《磐安县耕地质量评价与管理》一书。全面系统地阐述了磐安的耕地地力状况，分等级、分区块对耕地地力进行了评价，提出了磐安县耕地地力培肥措施、可持续利用与管理的对策；并对磐安县贝母、茶叶二大特色农产品基地的地力状况、障碍因子与农产品质量相关性进行了系统评价，为今后可持续利用提出了相应的措施。同时介绍了磐安县耕地地力信息系统，书中引用了大量调查与化验数据，并配以成果图表，增加了可读性。但由于我们的水平有限加之时间仓促，书中难免存在诸多问题，敬请读者给予指正。

本书在编写过程中得到了浙江省农业厅、浙江省农业科学院等单位的大力支持。在此，我们表示衷心感谢。

目　录

第一章

自然条件、土壤资源与农业生产概况

第一节 地理位置与自然条件

一、地理位置与行政区划

磐安地处浙江中部，位于 28°49′50″~29°19′21″N，120°17′49″~120°46′46″E。将浙江地图十字对折，中心点就在磐安，所以被称为"浙江之心"。素有"群山之祖、诸水之源"之称，是钱塘江、瓯江、灵江和曹娥江四大水系的发源地之一，是金华、台州、丽水、绍兴 4 市交界之地，与东阳、永康、缙云、仙居、天台、新昌等县市接壤，东西宽 47km，南北长 54km，县域总面积 1 195 km²。1939 年设县，1958 年并入东阳，1983 年恢复县建制，县名出自《荀子·富国》中"国安于盘石"之说，意为"安如磐石"。

全县辖 2 个街道，12 个乡镇，363 个行政村，8 个居委会。2017 年年末全县总人口 21.31 万人。近年来，县委、县政府实施"生态立县、工业强县、旅居兴县"战略，经济建设取得跨越式发展，全县实现生产总值 89.23 亿元，财政总收入 15.02 亿元，全县农业总产值 13.85 亿元，农村居民人均纯收入 16160 元。先后被国家有关部门命名为"中国香菇之乡""中国药材之乡""中国名茶之乡""中国高山茭白之乡""国家级生态示范区""国家级卫生县城"。2017 年，磐安县持续推进"五水共治""小城镇整治""美丽田园建设"，生态环境更优美，被确定为"国家重点生态功能区"。旅游产业突飞猛进，创建成为"国家全域旅游示范区"。

二、自然条件

(一)气候资源

磐安县属亚热带季风气候区，四季分明，雨量充沛，热量丰富，气候垂直差异明显，具有气候温和，雨热同季，光温互补的特点。年均日照时数 1 714.3 小时，年日照百分率为 39%，年太阳总辐射量为 98.7kcal/cm²。年平均气温 16.1℃，极端高温 39℃，极端低温 −7.6℃，1 月平均气温为 3.7℃，7 月平均气温为 28.1℃，大于等于 10℃的年积温为 5 030℃，无霜期 236 天。年均降水量 1 471.8mm，但降水分配不均，全年春夏季多雨水，梅雨季明显，7—8 月进入高温少雨阶段，秋季易旱，冬季寒冷干燥，春节前后多雨雪。农业灾害性天气和反常天气有春季回暖迟，常发生"倒春寒"，夏秋季台风、伏旱、秋旱，9—10 月冷空气来得早等。

（二）地形地貌

磐安县受天台山、会稽山、括苍山及仙霞岭余脉影响，形成整个地势中南部较高、西部低的独特地形。境内山峰众多，500m以上的山峰有641座；青梅尖、大盘山、高二山等山峰海拔均在1 220m以上，最高峰为南部清明尖，海拔1 314m；西部地势较低，最低处是东北部夹溪谷地，海拔150m。山脉以海拔1 245m的大盘山主峰和海拔1 314m的清明尖为主轴，向东北和西南延伸，分脉扇形展布，整个县山峦重叠，山地占全县国土总面积的91.5%。

（三）水文条件

磐安位于浙江中部，是浙江省四大水系的分水岭，钱塘江的支流金华江、曹娥江的干流澄潭江、瓯江的支流好溪、灵江支流永安溪、始丰溪均发源于磐安县。境内河流均为山区性溪流，密度较大，呈辐射状分布，源短流急，河床比降大，水量充沛，年内枯洪变幅大。全县控制集雨面积在20km²以上的干流有19条，全年总降水量18.81亿m³，平均径流量928.7mm，资源总量11.12亿m³，其中，地表水9.228亿m³，地下水1.892亿m³。水资源人均占有量5 529m³，水资源时空分布不匀，缺少工程调节。

（四）植被

磐安森林植被类型在分区上属中亚热带常绿阔叶林北部亚地势地带，浙闽山丘甜槠木荷林区。森林植被顺向演替的"顶极群落"是以甜槠、木荷为建群树种，伴生以栎、栗、栲、楠及山茶科等树种的群落。磐安生物种类多，木本植物有74个科，3 000个种，草本植物65个科。有不少粮、药、茶、果名特产品，尤其中药材资源丰富，有药用植物1 219种，为天然的"药材宝库"，是"浙八味"道地药材中白术、白芍、元胡、贝母、玄参的主产区，近几年，铁皮石斛、三叶青发展很快。2015年9月评选产生了天麻、铁皮石斛、三叶青、玉竹、灵芝"新磐五味"。其他名优品种有"磐安黄籽"玉米、"磐安白心番薯"、"丽坑大板栗"、玉山香榧、云山牛心柿。

（五）耕地资源

磐安为山区县，有"九山半水半分田"之称，土地资源丰富，耕地资源不足，呈现"四多四少"：山地多，耕地少；旱地多，水田少；坡地、垅田多，平地、畈田少；小块田多，大块田少。地貌类型多样，地域差异明显，中山区占总面积67.18%，低山丘陵区占总面积21.16%，台地区占总面积11.66%。据国土提供数据，2017年全县有耕地面积14 615.31公顷，园地4 851.79公顷。其中耕地划入永久基本农田保护区11 666.7公顷，占79.82%；划入永久基本农田保护示范区2 666.7hm²。由于立地条件限制，耕地质量以二等田为主占

80%以上（后有详述）。到2016年止建设标准农田2 025.4hm²，标准农田质量一等田占10.9%，二等田占62%，三等田占27.1%。

<h1 style="text-align:center">第二节　土壤资源概况</h1>

一、成土母质类型及其特征

土壤是在母质的基础上发育起来的，成土母质来源于母岩。所谓成土母质是指岩石经风化、搬运、堆积等过程于地表形成的疏松物质层，这种物质层也是最年轻的地质矿物质层，它是形成土壤的物质基础，是连接岩石与土壤的桥梁，因此母质对土壤的形成和土壤的理化性状均有深刻影响。成土母质主要以残积和运积两种方式出现在地表，依据岩性、成因、环境等对土壤性质（颗粒组成、矿物类型、化学元素组成）可能产生影响，把磐安县的成土母质划分为8种类型（表1-1），各种类型的分布图见图1-1，彩版见后。

表1-1　磐安县成土母质类型一览表

地貌分区	母质类型	图上编号	面积（km²）	成土特征	发育土壤类型
平原（岗地）	洪冲积物	I₁	2.1	土体较厚，粉砂质壤土，中酸性，肥力高	水稻土
山地丘陵	石灰性紫砂岩类风化物	II₁	46.5	壤土、壤黏土，通透性好保蓄性差	紫色土
	石灰性紫泥岩类风化物	II₂	4.6	土体浅薄，易风化，成土黏，呈中性，不宜种茶	紫色土、水稻土
	非石灰性紫泥岩类风化物	II₄	50.3	易风化侵蚀，土体浅薄砂质壤土—黏土，微酸性	紫色土、水稻土
	花岗岩类风化物	VI₁	45.3	易风化，半风化土层厚，质地黏重，通透性好	红壤
	中性岩类风化物	VI₂	3.8	土体较厚，质地黏重，保蓄性好，养分丰富	红壤
	酸性火山岩类风化物	VII₁	997.0	岩性坚硬，土体厚度中等，黏壤—壤土，呈酸性	红壤
	基性火山岩类风化物	VII₂	38.8	具土体深厚、坡度平缓、富盐基、矿质养分丰富、保蓄性能好的优点，也有质地黏重、透水性差，适耕期短等不足之处	红壤、水稻土

从表1-1、图1-1中可以看出，本县山地丘陵区的成土母质主要为酸性火

山岩类风化物为主，面积达到 997.0km²，此类母质风化物以红壤为主，土体厚度中等，土壤性状以黏壤—壤土为主，土壤呈酸性。局部为中旬侵入岩和花岗岩类风化物，深泽—新渥一带、仁川镇南部、九和南部、胡宅北部分布非石灰性紫泥岩类风化物面积 50.3km²，此类母质分化土壤土层较厚，土壤黏性，微酸。方前—大盘一带分布石灰性紫砂岩类风化物，面积 46.5km²，风化土壤以紫色土为主，性状以壤土、壤黏土为主，土壤通透性好，保水保肥性差。尚湖到胡宅一带分布基性火山岩类风化物，基性火山岩易风化，其风化土壤具土体深厚、坡度平缓、富盐基、矿质养分丰富、保蓄性能好的优点，也有质地黏重、透水性差，适耕期短等不足之处。

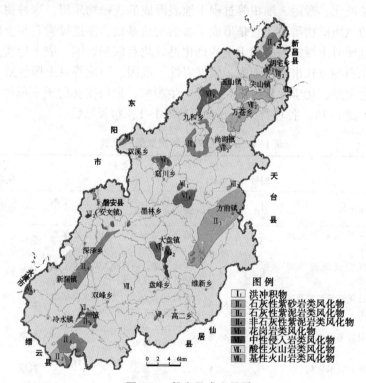

图 1-1　磐安县成土母质

二、土壤类型及特征

根据第二次土壤普查，磐安县土壤分 6 个土壤类型，即红壤、黄壤、紫色土、潮土、粗骨土和水稻土，包括 9 个亚类、17 个土属、32 个土种，各土种面积见表 1-2。土类分布情况（图 1-2）。

表 1-2 磐安县分土类面积   单位：km^2

土类	亚类	土属	土种	面积
红壤	红壤	红黏土	红黏土	12.3
			熟化红黏土	12.9
	黄红壤	黄泥土	黄泥土	386.0
			熟化黄泥土	60.3
			黄砾泥	38.2
			熟化黄砾泥	1.1
		粉红泥土	粉红泥土	5.0
			熟化粉红泥土	2.3
黄壤	黄壤	山地黄泥土	山地黄泥土	304.1
			熟化山地黄泥土	6.7
			山地砾石黄泥土	58.5
			山地香灰土	34.2
			熟化山地香灰土	0.1
紫色土	酸性紫色土	酸性紫砂土	酸性紫砾土	19.7
			熟化酸性紫砾土	2.3
潮土	灰潮土	洪积泥砂土	熟化狭谷泥砂土	0.1
		清水砂	熟化清水砂	0.1
粗骨土	酸性粗骨土	石砂土	石砂土	121.0
			山地石砂土	46.9
水稻土	淹育型水稻土	黄泥田	山地黄泥田	9.5
			山地香灰田	0.3
			黄泥田	22.9
		红泥田	红黏田	1.7
		红紫泥田	紫砂田	0.6
	渗育型水稻土	培泥砂田	培泥砂田	0.3
		泥砂田	泥砂田	2.1
			泥质泥砂田	0.2
	潴育水稻土	洪积泥砂田	狭谷泥砂田	11.8
		黄泥砂田	黄泥砂田	28.7
			黄大泥田	0.7
		棕大泥田	棕大泥田	4.4
		紫泥砂田	紫泥砂田	1.4
合计				1 196.3

（一）红壤

红壤是在湿热气候条件下经风化、淋溶作用发育的地带性土壤。红壤也是磐安的主要土壤类型之一，面积 518.1km^2，占全县土壤总面积的 43.3%，主要分布于海拔 550~600m 的低山丘陵区，红壤的基本特征如下。

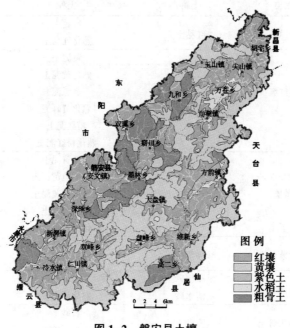

图 1-2　磐安县土壤

1. 富铝低硅

红壤的形成主要经历的是地球化学风化过程，在这一过程中，钾、钠、钙、镁等盐基离子和硅酸因大量流失而使其含量降低，而溶解度较小的铝、铁是相对增加，统计表明，磐安红壤的铝（Al_2O_3）含量显著高于其他土类，而钾（K_2O）、钠（Na_2O）、钙（CaO）、镁（MgO）则显著低于其他土类土壤。

2. 剖面不发育

红壤的剖面类型为 A-［B］-C 型，A 层为淋溶层（或腐殖质层），一般较薄；［B］层为非淀积发生层，或残余积聚层，是红壤剖面中的典型发生层，普遍具有松散多孔的特征；C 层为母质层。受地形、地质条件的影响，红壤的土体厚度变化比较大，平均在 70~80cm。

3. 土壤酸度大，肥力薄

磐安县红壤的 pH 值在 4.5~5.5，为酸—强酸性土壤，由于红壤普遍存在酸、瘦、黏的特点，肥力也相对瘠薄。

（二）黄壤

黄壤在磐安县的分布面积约 403.5km²，占全县土壤面积的 33.7%，集中分布于磐安中部，海拔高程大于 700m，黄壤的特征主要表现在：有较强的富铝化作用（同红壤），有较红壤更强的生物富集作用，土体相对红壤紧实，土体厚度较红壤薄，母质层风化差。

（三）紫色土

紫色土在磐安县分布面积小，约 22.0km²，占总面积的 1.8%，主要分布于新渥镇和方前镇。紫色土主要由白垩纪砂岩、粉砂岩、砂砾岩等风化物发育而成，受母岩性质及频繁侵蚀的影响，紫色土的土壤剖面发育较弱，属 A—C 型，由于母质风化的不彻底性，使土壤对母岩具有显著的继承性特点，土壤呈酸—弱酸性—中性。

（四）潮土

潮土土类为溪流冲积物及狭谷冲积洪积物，面积仅 0.13km²，占全县土壤面积的 0.01%，所处地势较平坦，土层深厚，多达 1m 以上，质地疏松，通透性好，适种性广，但易漏水漏肥，发小苗不发老苗。

（五）粗骨土

粗骨土为侵蚀性土类，地形和母岩是粗骨土形成的两个主要因素，磐安县的粗骨土面积为 167.9km²，占总面积的 14.0%，主要分布于九和、双溪、窈川、墨林、高二等乡镇酸性侵入岩（花岗斑岩）和酸性火山岩出露区，土壤呈酸性特征，土层较薄。

（六）水稻土

水稻土在磐安县分布面积较小，面积约 84.6km²，占全县土壤面积的 7.1%，主要集中分布于万苍乡的基性岩出露区，其成土母质为各类母岩风化物形成的运积母质。依据土体内的水分情况及特征，水稻土可划分为淹育、渗育、潴育和潜育 4 个亚类，其剖面发生层的结构可以分别表达为：A-Ap-C、A-Ap-P-C、A-Ap-W-C（G）、A-Ap-G 或 A-G 的土体构型。

水稻土是经人工种植改造而成的耕作土壤，除自然因素外，其养分、水分等的变化较大，研究和监测水稻土的理化性状，实施科学养地、合理用地是进行农田保护的基础性工作。

第三节　农业生产概况

一、农业发展历史

改革开放前，磐安与全国其他各地一样，走集体化之路，农业生产以粮食为主，农民生产积极性不高，"出工一条龙，收工一阵风"，薄弱的农业基础在低下的劳动生产率下，严重制约了土地的产出。十一届三中全会后，家庭实行联产承包责任制，农民积极性空前高涨，"有水走水路，无水走旱路"，发展三熟制，改种春玉米，推广间套轮作，实施丰收计划、吨粮工程，磐安粮食生产得到了极大的发展，粮食产量大增，1984 年，磐安的粮食生产达到了历史最高峰，全县粮播面积达到了 23.36 万亩（1 亩≈667m²，15 亩=1hm²），粮食总产量达到了 5.89 万 t。1990 年，磐安获得了国务院粮食生产先进县的表彰奖励。而后，在不放松粮食生产的前提下，积极发展多种经营，实行粮经并举，调整农业生产结构，几大效益好的产业迅速发展壮大，杂交水稻制种、中药材、食用菌、高山蔬菜、茶叶、山区养殖业等，相继成为全县农业主导产业和农民重要的收入来源。肥料使用情况是 20 世纪 70 年代以前，以农家肥为主、化肥为辅，农家肥有畜禽栏肥、人粪尿、烧泥灰、割树叶、饼肥等；80 年代起，化肥逐步占主导地位，用量大增，2009 年后，磐安县出台了商品有机肥和配方肥的财政补助政策，商品有机肥和配方肥得到广泛应用，2017 年，商品有机肥供应 1.15 万吨，财政补助 300 余万元。

二、农业生产发展现状

近几年，以农业"两区"建设为抓手，推进农业转型升级。依托生态优势，发展生态循环农业、设施农业、观光农业，建设了好溪流域药菇蚕省级现代农业园区和玉山台地茶蔬果省级现代农业园区；土地流转 5.92 万亩，其中规模流转 2.85 万亩，发展农业设施栽培面积 1.39 万亩，建成主导产业区 7 个，乡镇精品园 60 个，推进了"农业+旅游"的融合发展。建设粮食生产功能区 3.06 万亩，育秧烘干中心 6 个，功能区内实现机耕、机育、机插、机收、机烘等全程机械化服务，统防统治社会化服务 7 000 多亩。兴起了磐安香菇市场、磐安龙井茶市场、中国磐安"浙八味"特产城等专业市场，涌现了"磐安生态大米""翠都牌高山茭白""磐安云峰""磐安香菇""磐安土鸡"等一大批名优农产品，推进农业规模化、标准化、产业化、品牌化发展。2017 年，粮食播种面积 8.86 万亩，产量 3.45 万吨，中药材种植面积 7.47 万亩，产值 5.45 亿元，蔬菜 5.13 万亩，产值 1.59 亿元，茶叶种植面积 7.96 万亩，产值 1.9 亿元，食用菌 3 881 万袋，产值 2.2 亿元，新兴产业铁皮石斛发展很快，已建基地 800 多亩，产值 2 000 多万元。农民人均收入 1.61 万元，同比增长 10.3%。

第二章

耕地立地条件与开发利用

第一节　立地条件

一、立地条件

磐安县属浙中山区，地形复杂、山峰林立，田地零碎。总地势东南部高、西部低。境内最高山峰清明尖海拔高达 1 314m，一般山高在 600~800m，最低海拔 150m（表 2-1、表 2-2）。山涧小溪密布，且坡陡流急。根据地形地势特征，大体上可把全县地势分成东南中山区，北部和东北部台地区，东部、西部的低山丘陵区三大部分（表 2-3）。

表 2-1　磐安县地貌单元面积统计

项目	平畈	低丘	高丘	低山	中山
绝对高度（m）	<300	<350	350~500	500~1 000	>1 000
相对高度（m）	<50	<100	>100	>200	>300
面积（hm²）	8 467.1	613.3	7 647.0	85 437.6	17 407.5
占总面积（%）	7.08	0.51	6.4	71.45	14.56

表 2-2　磐安县地势分级面积统计

高度（m）	<250	250~350	350~500	500~650	650~800	>800
面积（hm²）	2 133.4	10 833.9	29 514.8	40 808.7	22 641.1	13 647.4
占总面积（%）	1.78	9.06	24.68	34.13	18.93	11.42

表 2-3　磐安县坡度分级统计

分级	平坦地	平坡地	缓坡地	斜坡地	陡坡地
坡度（°）	<3	3~6	6~15	15~25	>25
面积（hm²）	673.4	4 180.2	10 807.2	17 834.2	86 077.6
占总面积（%）	0.57	3.5	9.04	14.91	71.98

（一）东南的中山区

峰峦重叠，海拔都在 600m 以上，主峰皆超千米，如清明尖、大盘山尖、高二山尖都在 1 220m 以上，以大盘山为主体，向南和东北延伸的诸峰山岭，构成了大盘山系的骨架，成为瓯江、灵江、曹娥江、钱塘江的发源地之一和天然分水岭。该区主要包括大盘、高二、维新、盘峰、方前的四协、仁川的天网、尚湖、窈川等，该区山地森林覆盖好，是本县主要的林业区和用材林基地。

（二）北部和东北部的高山台地区

属会稽山脉，以尖山、万苍、胡宅为代表，包括玉山、尚湖一带。该区海拔在400~500m，台地内山地的相对高差少，起伏平缓，地表呈浅丘状，谷底开阔，并连片形成畈地较多，享有"高山平原"之称，有利于发展农业生产，以及茶叶等经济林。台地外切割强烈，边缘山峰有700~800m，最明显是夹溪自五丈岩水库以下的河段，河谷至台地的相对切割高度有200m以上陡坡，故有"小三峡"之称。

（三）西部低山丘陵

主要分布在深泽、新渥、冷水、安文、双峰等地，有低山自中山过渡的缓坡地段，也有独立的小山坡，海拔265~600m，但山地自然植被覆盖度差，易水土流失。本区田地连片，畈田较多，系山垄带状分布，是本县的主要药材和粮食产区。

地形地貌对土壤的发生和演变也有深刻的影响，丘陵山区、陡坡由于受重力和水力的作用，使地表物质经常产生滑坡、剥蚀、崩塌、堆积等，引起地表风化物和坡积体再分配，造成上坡侵蚀而下坡堆积，使上坡变粗骨性，而下坡堆积深厚。在山上部和陡坡地段，形成了石砂土，土层只有10~20cm，而在山麓和缓坡地段，形成土壤较深厚的黄泥土。此外，随着海拔高度的上升，气候条件发生变化，土壤的湿润程度增强，到海拔600m左右时，土壤逐渐发生黄化过程，生物积累也发生变化。黄壤土类的有机质明显提高。如红壤土类中的黄泥土有机质含量仅17.7mg/kg，而黄壤土类中的山地黄泥土有机质就达29.6mg/kg，海拔1 000m以上的山地香灰土有机质高达92.1mg/kg。

二、耕地土壤

1959年磐安县第一次土壤普查，根据农民在长期生产过程中对土壤质地、耕作的难易程度、作物起发的快慢以及颜色特征来命名，如带砂的称"砂土"，质地黏不易耕作的称"大坭"，疏松起发快的称"壤土"，常年积水为"糊田"，瘠薄地称"淡土"，色黄的为"黄金泥"，全县分20个土组，53个土种。第二次土壤普查1984年5月完成，全县土壤分6个土类、9个亚类、17个土属、31个土种。经与《浙江省土种志》对照，8个土种对应的土类、亚类、土属与省不一致，见表2-4。

表2-4　磐安县土壤分类与浙江省土类分类不一致情况

磐安县分类				浙江省分类			
土类	亚类	土属	土种	土类	亚类	土属	土种
红壤	黄红壤	红砂土	酸性紫砾土	紫色土	酸性紫色土	酸性紫砂土	酸性紫砾土
			熟化酸性紫砾土				熟化酸性紫色土
水稻土	渗育型水稻土	山地黄泥田	山地黄泥田	水稻土	淹育型水稻土	黄泥田	山地黄泥田
			山地香灰田				山地香灰田
		黄泥田	黄泥田				黄泥田
		红泥田	红黏田			红泥田	红黏田
		红砂田	紫砂田			红紫泥田	紫砂田
	潴育型水稻土	培泥砂田	培泥砂田		渗育型水稻土	培泥砂田	培泥砂田

现以省分类为标准，磐安县土壤分6个土类、9个亚类、17个土属、32个土种（见表1-2）。

全县分乡镇分土种面积统计表，水田见表2-5，旱地见表2-6。

表2-5　水田分乡镇各土种面积统计　　　　　　　　　　单位：亩

乡镇	山地香灰田	山地黄泥田	黄泥田	黄泥砂田	棕大泥田	红黏田	狭谷泥砂田	泥砂田	泥质泥砂田	培泥砂田	紫砂田	紫泥砂田	合计
安文			4 299	137			302	2 371	294				7 403
云山		26	788	1 215									2 029
深泽		211	1 190	1 891			1 288				126	91	4 797
新渥			376	8 184			2 295				1 915		12 770
冷水			103	1 281			3 682						5 066
仁川	142	634	1 176	1 054			1 333				633	112	5 084
天网		1 677	32										1 709
双峰		769	679	118			1 393						2 959
泉溪			3 798				484						4 282
双溪			963	475			960						2 398
大盘		1 734	4 106	343		352		770					7 305
方前		88		2 497			1 454			470			4 509
四协		1 572	1 481										3 053
盘峰		492	1 708				409						2 609

（续表）

乡镇	山地香灰田	山地黄泥田	黄泥田	黄泥砂田	棕大泥田	红黏田	狭谷泥砂田	泥砂田	泥质泥砂田	培泥砂田	紫砂田	紫泥砂田	合计
维新		1 279	41	174			604						2 098
高二	304	4 864	611										5 779
尚湖		193	1 602	7 706			790						10 291
山环		74	1 760	401			281						2 516
万苍			156	6 215	338		490						7 199
尖山			70	3 157	3 293								6 520
胡宅			1 454	1 915	2 084	2 211							7 664
岭口		642	6 779	1 785			45				112		9 363
玉峰			546	5 369	939								6 854
九和			564	312			1 897						2 773
	446	14 255	34 282	44 229	6 654	2 563	17 707	3 141	294	470	871	2 118	127 030

注：1984 年第二次普查数据

表 2-6　旱地分土种分乡镇统计

单位：亩

乡镇	红黏土	粉红泥土	酸性紫色土	山地香灰土	山地黄泥土	黄泥土	黄砾泥	狭谷泥砂土	清水砂	合计
安文						4 338				4 338
云山					130	4 202	1 754			6 086
深泽	2 688		966		223	7 632				11 509
新渥			2 001			7 198				9 199
冷水					106	3 214		53		3 373
仁川			385	80	574	4 984				6 023
天网					1 316	92				1 408
双峰					470	1 816				2 286
泉溪						8 260				8 260
双溪						5 582				5 582
大盘	318	393			1 344	3 594				5 649
方前						2 336			103	2 439
四协					340	403				743
盘峰		550			352	1 126				2 028
维新					670	1 476				2 146

（续表）

乡镇	红黏土	粉红泥土	酸性紫色土	山地香灰土	山地黄泥土	黄泥土	黄砾泥	狭谷泥砂土	清水砂	合计
高二				12	1 587	228				1 827
尚湖					1 436	9 092		64		10 592
山环					256	4 084				4 340
万苍	2 259				288	4 403				6 950
尖山	7 830				61	1 428				9 319
胡宅	4 677	2 556			99	5 728				13 060
岭口					574	3 661				4 235
玉峰	1 507				112	2 246				3 865
九和					61	3 247				3 308
合计	19 279	3 499	3 352	92	9 999	90 370	1 754	117	103	128 565

注：1984 年第二次普查数据

三、耕地类型

据国土提供数据，磐安县目前耕地类型分水田、旱地，水田面积 9.08 万亩，利用现状为种植水稻、茭白、药材、玉米、食用菌、绿肥等，种植模式有："药—稻""药/玉米—稻""油菜—稻""药—西瓜""药—生姜""茭白+养鳖"等，旱地面积为 12.81 万亩；利用现状为种植药材、玉米、大豆、蔬菜等，种植模式有"药材/玉米/大豆（番薯）""马铃薯/玉米/蔬菜"等。

旱涝保收的高产稳产田有 4.26 万亩（包括旱地喷滴灌、微蓄微灌 3 530 亩），其抗旱能力 70 天以上，三日降雨 250mm、遇上 10 级台风不成灾，粮食亩产超千斤（1 斤＝500g）。抗旱能力 50 天以上，可灌溉面积 1.13 万亩；抗旱能力 30 天以上，可灌溉面积 0.65 万亩。易旱面积水田 50 天以下，旱地 30 天以下，面积 1.85 万亩，易洪面积 0.14 万亩，易涝面积 0.62 万亩，冷水田 0.53 万亩。

第二节 农田基础设施

一、大、中型农业水利工程建设

新中国成立前灌溉 100 亩以上仅 6 处，均以山塘蓄水为主，旱涝灾情严重，"农事靠天田，天旱叫皇天"是当时的写照。

新中国成立后，兴修水库、堰坝、机埠，其中 100m³ 以上水库 6 座，蓄水 2 137.8 万 m³，灌溉 2.6 万亩，10~100m³ 水库 11 座，蓄水 277.2 万 m³，灌溉 0.53 万亩，1 万~10 万 m³ 水库 137 处，蓄水 325.6 万 m³，灌溉 1.65 万亩，山塘 1 788 处，蓄水 149.9 万 m³，堰坝 256 处，灌溉 1.16 万亩。

21 世纪，磐安集中有限资金，在东部、西部低山丘陵区和北部台地区各选择 1 个重点流域实施灌溉小区建设。

（一）方前灌溉小区建设

涉及方前镇 9 个行政村，受益人口 0.83 万人。工程从 2009 年 1 月全面开工，2009 年投资 200 万元，完成新建干支渠 7.95km，堰坝 6 座。2010 年投资 544 万元，新建干支渠 18km，堰坝 6 座，机埠 1 座。项目区新增灌溉面积 0.15 万亩，改善灌溉面积 0.6 万亩，新增节水面积 0.9 万亩，有效减少了渠道输配水损失，农业年节水 36.6 万 m³，新增粮食生产能力 53.0 万 kg，新增农业产值 130 万元。

（二）双溪灌溉小区建设

双溪乡 3 个行政村、1755 亩耕地、2103 人受益。项目总投资 198.71 万元，建设期限为 2009—2010 年。项目区新增干渠 5 条 3 180m，新建支渠 34 条 6 600m，改建引水堰坝 2 座，维修引水堰坝 1 座；新建、改建泵站各 1 座；新建提水钢管 385m；改建引水涵管 1 150m；新增灌溉面积 210 亩、改善灌溉面积 1 185 亩，增加粮食产能 229t，新增农业产值 45.8 万元。

（三）尚湖灌溉小区建设

项目区包括万苍、尚湖两乡镇的 13 个行政村，0.15 万亩耕地、1.21 万人受益。于 2008 年开工，2009 年竣工。主要针对长北坑、王坞坑以及青塘坞 3 大分灌区进行渠系改造，扩建、改造干支渠 9 210m，新建渠道 8 890m；新建与扩建倒虹吸 4 座，总长 1 236m；新增灌溉面积 0.3 万亩，改善灌溉面积 0.45 万亩，新增节水面积 0.45 万亩，新增粮食生产能力 200t，新增农业产值 71 万元。

2012 年开始小农水项目建设，磐安县投资 3 400 万元，其中专项工程投资 2 250 万元，整合项目投资 1 150 万元，实施了新渥镇、仁川镇、尚湖镇等 7 个乡镇 31 个项目，其中，山塘整治 20 座，总容积 39.82 万 m³；高效节水灌溉工程 7 项，发展高效节水灌溉面积 0.18 万亩；灌区改造工程 4 项，改造渠道长度 29km。2014 年，项目基本完成，年新增供水能力 8.2 万 m³，可恢复和新增灌溉面积 0.62 万亩，改善灌溉面积 1.29 万亩，新增高效节水灌溉面积 0.27 万亩，年新增节水能力 66.3 万 m³。全县粮食综合生产能力提高 0.27 万 t，新增经济作物产值 381.83 万元。

二、农业"两区"建设

2010 年，磐安开始以农业"两区"和"一乡一品一园"建设为平台，以节水保温为主的设施栽培得到快速发展。

（一）现代农业园区建设

玉山现代农业园区建成了"三区三园"，面积 2.97 万亩，投资 1.25 亿元，新建园区道路 51.08km，新修和修复水渠 26.95km，搭建各类钢架大棚 1 849 亩，实施节水灌溉面积 6 143 亩，地力提升 2 850 亩。完成澄潭江中小河流治理工程，里光洋溪治理河长 1.5km，堤防长度 3.0km，夹雅溪治理河长 1.05km，堤防长度 1.85km，治理河长 2.55km；完成 9 个山塘整治，节水灌溉面积 1 700 亩，建成渠道及虹吸管 10.7km。好溪流域现代农业园区建成了"四区四园"，面积 3.45 万亩，投资 1.78 亿元，新建机耕路和园区操作道 139.3km，新修和修复沟渠 42.58km，发展各类钢架大棚 2 716 亩、喷微灌 3 433.5 亩，地力提升 2 360 亩。

（二）粮食生产功能区建设

投入资金计 2 035.7 万元，到 2017 年已建成 3.06 万亩，其中省级粮食生产功能区 1 个 1 024 亩，市级粮食生产功能区 1 个 513 亩，县级粮食生产功能区 81 个 2.91 万亩。完善田间基础设施建设，在 13 个乡镇（街道）83 个区块田间机耕路硬化 71.46km、22.14 万 m²，渠道修建 31.28km，下田坡 167 处，机埠 3 座。改变原有田间机耕路坑坑洼洼、杂草丛生，有路农机不能进的状况，为推进全程机械化生产提供了条件，农民运送肥料和运出农产品车辆直接到达田头，提高了劳动生产率；渠道修建实现能排能灌，减少渗漏，原来渠道末端只能种旱作的也可种水稻，水利用系数提高至 0.75 以上。在方前、玉山、万苍、新渥建成育秧烘干中心 6 个，有玻璃温室 770m²，炼苗棚 3 000 余 m²，育秧流水线 3 条，碎土机、插秧机、耕田机、机动喷雾机等机械设备 65 台，每年为辖区 3 000 多亩水稻生产区提供机耕、机育、机插、机械化防治、机收等全程机械化服务；有烘干机 4 台，总烘干能力 3 000t；推广了甬优 9 号、Y 两优 689、甬优 15、中浙优 8 号、甬优 17、安优 18、甬优 1540、甬优 538、甬优 7850 等一批高产优质水稻品种，开展水稻高产创建，每年建设水稻高产创建示范区 10 个以上，推进全县粮食生产能力不断提高。

第三节　耕地的开发利用

一、垦造耕地

20 世纪 50 年代，指导垦荒，开辟荒山荒地，溪改田，旱地改梯田，耕地面积从 1949 年 11.72 万亩扩大到 1955 年 12.37 万亩，扩大了 0.65 万亩，其中，水田 4 620 亩，旱地 1 898 亩；60 年代，人口增加，粮食紧缺，农民开始盲目垦荒，陡坡地也毁林种粮，70 年代，三荒利用为重点，耕地扩大了 1.3 万亩。90 年代后，注重生态建设，实施退耕还林，部分旱地改为园地或林地，耕地减少 0.83 万亩。2006 年以后，交通、能源、水利等重大基础设施和城乡建设用地大量增加，为确保耕地占补平衡，土地开发整理复垦等土地整治工作摆上了政府日程，2008 年实施土地整治项目 16 个，主要有双峰东坑、安文羊山头、玉山铁店等，完成土地开发 916 亩，土地复垦 621 亩；2009 年实施项目 21 个，主要有双溪下园、玉山张村、安文墨林、大盘林峰等，完成土地开发 1 339 亩，土地整理 1 322 亩，土地复垦 210 亩；2010 年实施项目 17 个，主要有仁川滚涛，万苍秧田坑、尚湖上高亭等，完成土地开发 2 668 亩，土地复垦 177 亩；2011 年实施项目 20 个，有冷水西英、仁川姜华坑、九和自家庄，完成土地开发 2 135 亩，土地复垦 342 亩；2012 年实施项目 16 个，已进行耕地质量评定，通过市级验收为 2 026 亩；2013 年土地开发实施项目 16 个，新增耕地 2 005 亩，实施农村建设用地复垦项目 6 个，新增耕地 92 亩；2014 年土地开发 21 个，新增耕地 1 160 亩。2008 年以来，全县共完成土地综合整治项目 152 个，新增耕地面积 18 056 亩，为经济社会健康持续发展提供了强有力的资源要素保障。

二、低产田的障碍因子及改良措施

2012 年磐安县亩产 400kg 以下的低产田有 2.1 万亩，占水田 1/3，其中高山冷水田 0.7 万亩，沿山靠天田 0.8 万亩，狭谷畈田 0.2 万亩，低山丘陵垄底田（塘库坝脚田）0.4 万亩；旱地亩产 225kg 以下的 1.2 万亩，占旱地的 21.8%，主要土壤肥力低、地块零碎，缺水易旱；山地土壤水土流失较严重，其面积达 27.88 万亩，占山地 17.76%。影响植物生长障碍因素主要有：高山水冷土温低、酸害、缺素，同时山地水土流失，砾质性强。

低产田的障碍因素及改良措施：一是山高水冷土温低。主要分布高二、大盘、维新、九和等山区高山狭垄田，因光照差，冷泉水灌溉，土温低，养分分解慢，农作物产量低，以及塘、库、坝脚田因长期渍水，水温又低，土壤还原性强，作物易受毒害，对这类田主要通过开田里壁沟，冷水迂回灌溉，提高温度，渍水田通过深沟，避开来路水和侧渗水，降低地下水位，并采用垅作，降低土壤还原性，同时完善排灌渠系，实行冬季种麦晒垄，水旱交替，在施肥上推广使用饼肥、鸡粪、羊粪等暖性肥料。二是土层浅漏水漏肥。主要分布方前、双溪的溪改田，由于底填是砂砾或岩石碎片，容易漏水漏肥，农民称之为"菜篮田"，以及新渥、仁川一带质地砂性的紫砂田等，采用客土法，挖塘泥和挑黄金泥入田，一般每亩客土150~200t。三是陷脚大泥田。主要分布万苍、尖山区域的红黏土，采用秸秆还田，挑细沙入大泥田，改良土壤。四是土壤酸性和缺素。主要是20世纪80年代后，农家肥减少，化肥用量增加，施肥不平衡，此现象逐步突出，因此，通过推广有机肥、种植绿肥、增施磷钾肥等改良，并施用生石灰或白云石粉来调整。五是灌溉差的靠天田和旱地水土流失。一方面开辟水源，通过流域综合治理，提高抗旱能力；另一方面因地制宜，种植药材、高山蔬菜、食用菌等旱作，旱地推广分带轮作栽培，用养结合，并采用杂草覆盖，地膜覆盖等方式保护水土，21世纪后，推广微蓄微灌、滴喷灌现代设施栽培。

20世纪90年代以前，低产田全县各地普遍进行改良运动，全民参与。90年代以后，增加改良投入资金，农业、水利、国土、财政等各部门均以项目形式分区块进行重点改良，农业部门主要以沃土工程项目，通过种植绿肥、增施有机肥、秸秆还田、平衡施肥等农艺措施为主，2011—2015年，先后对方前流域、好溪流域、尚湖、万苍、玉山等区块实施沃土工程项目，每年投入资金50万~120万元，一是种植绿肥，补助种子款；施用商品有机肥，每吨补助300元，共补助商品有机肥2万余吨。农发、水务部门通过田、路、水、渠、堤、林等工程措施，改善排灌条件和提高机械化生产率，从而提高生产能力，先后对始丰溪、好溪、玉山台地进行农田综合治理，改良低产田2.74万亩，表2-7为第二次土壤普查主要土种养分含量分析，与本次调查养分提升对比见表4-18。

表 2-7 第二次土壤普查主要土种养分含量分析

土类	土种	利用	面积（万亩）	占比（%）	有机质（g/kg）	全氮（g/kg）	全磷（g/kg）	有效磷（mm/kg）	速效钾（mg/kg）	pH
	红粘土		1.93	15.14	20.3	1.26	0.93	3.1	135	5.0~6.5
红壤	黄泥土		9.04	71.74	18.2	1.1	0.35	20.7	119	4.8~6.7
	粉红泥土	旱地	0.35	2.75	21.1	1.21	0.19		156	4.6~6.0

（续表）

土类	土种	利用	面积 （万亩）	占比 （%）	有机质 （g/kg）	全氮 （g/kg）	全磷 （g/kg）	有效磷 （mm/kg）	速效钾 （mg/kg）	pH
黄壤	山地黄泥土		1	7.94	30.2	1.67	0.61	25.5	90	5.0~6.5
	山地黄泥田		1.43	11.26	31.5	1.68	0.41	25	78	5.3~6.5
水稻土	黄泥田	水田	3.43	27.0	28.6	1.68	0.56	23	79	5.0~6.3
	狭谷泥沙田		1.77	14.0	23.4	1.33	0.26	14.5	52.5	5.5~6.5
	黄泥砂田		4.42	34.8	26.2	1.33	0.2	8.1	53	5.0~6.5

三、标准农田建设与质量提升

（一）标准农田建设情况

标准农田建设从 1999 年开始，由磐安县国土资源局土地开发整理中心负责规划和实施，以土地整理项目形式开展建设，截至 2007 年建设完成。项目总数为 56 个，面积 33 168 亩，分布在 3 个区域 13 个乡镇，投入 7 300 余万元，建设田间机耕路 310km，三面光渠道 450km，机埠 12 座。

通过标准农田建设，对农田、道路和渠道统一进行规划和建设，改善了项目区农业生产条件，形成"田成方、路成网、渠相连"生产区，每块田面积 2 亩以上，成为适应机械化作业的先进技术示范区，生产能力得到极大提高。

（二）标准农田质量分等定级

2008 年，开展了标准农田质量调查，并根据标准农田立地条件、土壤剖面状态、理化性状等 15 项指标，对全县标准农田进行分等定级，评定结果：磐安县一等田为 0，二等三级田 3 462 亩，占 10.4%，二等四级田 20 721 亩，占 62.5%，三等五级田 9 068 亩，占 27.3%。

磐安县标准农田质量总体较低，主要原因有：一是地处山区，立地条件差，近 40% 的农田为 15° 以上的梯田。二是土壤肥力水平低。34.5% 土壤有机质为缺，73% 有效磷为缺，84.3% 的土壤速效钾为缺，62% 的土壤 pH 值为 5.5 以下，表现严重酸性。三是农田平整后，耕层结构被打乱，犁底层破坏，漏水漏肥，砾石度高。

（三）标准农田质量提升

2010 年，磐安县编制了标准农田质量提升方案，筹措资金分年度、分区块逐年开展提升，目标为所有的标准农田在原有基础上提升一个等级，一等田 10%，即 3 300 亩以上。提升主要措施有：一是加强小型田间基础设施建设。通过完善水利设施，如对小型山塘水库除险加固、修筑拦水坝、加固防洪堤、修建机埠、铺设引水管等提高抗旱和防洪能力。完善田间机耕路建设，实现主干道基本硬化，推进机械化生产。二是增加土壤有机质。种植冬绿肥，农作物秸秆还田，使用商品有机肥，发扬使用农家肥传统，如人粪尿、栏肥、焦泥灰、鲜树叶等。三是增厚耕层厚度。采用客土法，土壤深耕，施用土壤疏松剂"旱地龙"等。四是实施测土配方施肥。因缺补缺，采用开垦施、使用缓释肥等提高肥料利用率。五是土壤酸化改良，施用土壤调理剂、钙镁磷肥、草木灰、石灰氮等中碱性肥料。

2011 年，方前镇桥头村、高圩村、尚湖镇下溪滩村、万苍乡楼界村的标准农田区块 2 003 亩，列入"省千万亩标准农田提升项目"，省补资金 300 元/亩，县配套资金 500 元/亩，方前水稻种植区主要通过种植绿肥、秸秆还田、施用配方肥和土壤调理剂等措施提升，尚湖、万苍茭白种植区主要通过秸秆还田、增施有机肥、施用配方肥等措施提升，经过连续 4 年提升，经省市验收，2015 年上述区块由二等田提升到一等田。

2012 年，玉山镇浮牌村、尚湖镇上溪滩和袁村的标准农田区块 1 461 亩列入"补划标准农田质量提升项目"，主要完善了田间路、渠基础设施，并根据种植作物因地制宜采取种植绿肥、增施有机肥、秸秆还田、施用配方肥和土壤改良剂等措施，经金华市验收，2017 年三个区块 1461 亩标准农田全部由二等田提升到一等田。

第三章

耕地地力评价技术路线

第一节 调查方法与内容

耕地地力调查与评价是对耕地的土壤属性、耕地的养分状况和影响耕地环境质量的土壤重金属等进行调查，在查清耕地地力和耕地环境质量状况的基础上，根据耕地地力好差进行等级划分，对耕地环境质量进行优劣评估，最终对耕地质量进行综合评价，同时，建立耕地地力与配方施肥信息系统。耕地地力调查与质量评价，不仅直接为当前的农业生产和农业生态环境建设服务，更是为培育肥沃的土壤，建立安全、健康的农业生产立地环境和现代耕地质量管理方式奠定基础。科学合理的技术路线是耕地地力调查和质量评价的关键。因此，为确保此项工作的顺利开展，始终遵循统一性原则，充分利用现有成果，结合实际，充分利用高新技术，并严把调查成果质量。

一、调查取样

样品的采集是调查与评价工作的基础，样点的设置既关系到调查的精度，也关系到调查结果的准确性。因此，样点的设置必须满足调查技术规程所确定的精度要求，必须与当地农业生产的实际相符合。

（一）取样点设置的原则

根据《农业部 2007 年耕地地力调查项目实施方案》要求，为了使土壤调查所获取的信息具有一定的典型性和代表性，提高工作效率，节省人力和资金，在布点和采样时主要遵循以下原则：在土壤采样布点上遵循具有广泛的代表性、均匀性、科学性、可比性，点面结合，与地理位置、地形部位相结合。从保证调查精度和调查条件的许可出发，此次调查布点遵循以下几项原则。

1. 全面性原则

一是指调查内容的全面性。耕地质量评价是对耕地地力和环境质量的综合评价。影响耕地质量的因素，包括土壤自身的环境及农业生产的管理等自然和社会因素。因此，科学评价耕地质量，就需要对影响耕地质量诸因子进行全面的调查。二是指取样布点地域的全面性。磐安县地处山区，耕地、园地分布散，既要考虑一定密度，即平均每 100 亩取 1 个样，利用率高的畈田、水田适当加密，旱地、山地放疏，又要考虑广度，每个村水田、旱地至少取 1 个样，初定 1 500 个左右。三是指取样布点对土壤类型的全面性。这次调查是以第二次土壤普查成果为基础，要充分运用第二次土壤普查的成果，就需要在取样点的设置时对区域内所有土种都进行布点，达到充分应用土壤普查成果的目的。

2. 均衡性原则

一是指采样布点在空间上的均衡性，即在确定样点布设数量的基础上，调查区域范围内样点的分设要均衡，避免某一范围过密、某一范围过疏。二是根据地形地貌类型面积的比例和土壤类型面积的大小进行布点，既要考虑各种类型面积的比例，又要兼顾土种区域分布的复杂性。

3. 突出重点的原则

一是指突出重点项目。采样布点要根据当地农业生产实际，对人们普遍关注的农业生产上出现的问题在普查的同时进行重点调查，如无公害农产品生产立地环境问题等。二是突出重点区域。以粮食生产重点区域、蔬菜基地、中药材基地、茶叶基地以及标准农田等作重点调查。

4. 客观性原则

是指调查内容要客观反映农业生产的实际需要，既突出耕地质量本身的基础性，又要体现为当前生产直接服务的生产性，既着眼于当前，更要着眼于农业生产发展。调查结果要客观真实地反映耕地质量状况，整个调查工作要科学管理，确保调查结果的真实性、准确性。

（二）样点布设的方法

采样点布设是土壤测验的基础，采样点布设是否合理关系到地力调查的准确性和代表性，能够合理的布设采样点至关重要。按照农业部统一的测土配方施肥技术规范和要求，充分考虑地形地貌、土壤类型与分布、肥力高低、作物种类等，在土壤图、基本农田保护区规划图和土地利用现状图等图件数字化的基础上，采取先室内后室外，并利用 GPS 外业定点的方法进行布点，保证采样点具有典型性、代表性和均匀性。

全县共取样 1 524 个土样，这次调查为充分利用土壤普查成果，确保调查准确性，根据布点的全面性和均衡性原则，既考虑到各土种面积大小，又兼顾到所有的土种，并可以对全县不同区域的同一土种进行比较，提高评价的准确性。

（三）采样时间

于秋季作物收获后到冬种前，用 3 个月时间集中取样，保证所采土样能真实地反映地块的地力和质量状况。

（四）采样方法

土壤样品的采集是土壤分析工作的一个重要环节。采集有代表性的样品，是测定结果如实反映其所代表的区域或地块客观情况的先决条件。掌握采样等技术是土壤分析工作的基础。

1. 水田土样采样方法

通过向农民了解本村的农业生产情况，确定具有代表性的田块，水田每100亩左右为1个采样单元，取样田块面积要求在1亩以上，并在采样田块的中心用GPS定位仪进行定位。按调查表格的内容逐项对确定采样田块的户主进行调查、填写。调查严格遵循实事求是的原则，对那些说不清楚的农户，通过访问地力水平相当、位置基本一致的其他农户或对实物进行核对推算。长方形地块采用"S"法，而近方形田块多采用"X"法和棋盘形采样法。每个地块一般取10~15个小样点土壤，各小样点充分混合后，四分法留取1.5kg组成一个土壤样品，同时挑出根系、秸秆、石块、虫体等杂物。采样工具采用不锈钢土钻基本符合厚薄、宽窄、数量的均匀特征。采样深度0~20cm。填写两张标签，内外各具，注明采样编号、采样地点、采样人、采样日期等。采样同时，填写测土配方施肥采样地块基本情况调查表和农户施肥情况调查表。

2. 旱地、园地土样采样方法

旱地200亩左右为1个采样单元，由于地块面积小，先确定中心地块，再向四周辐射，采集5块，每块2~3个点，共10~15个点混合，耕层样采样深度为0~20cm，四分法留取土样1.5kg，调查以中心地块的户主，按调查表格内容逐项进行调查填写；园地按种植茶桑果面积，先确定采样单元，300亩左右为1个采样单元，以采样单元中心点为中心，向四周辐射，共采集10~15个点，采样深度0~30cm，土样充分混合后，四分法留取1.5kg。

二、调查内容

调查主要是通过两种方式来完成的，一种是收集和分析相关学科已有的调查成果和资料；一种是野外实际调查和测定。调查的内容基本可分为3个方面：自然成土因素的调查研究；土壤剖面形态的观察研究；农业生产条件的调查研究。

（一）自然成土因素的调查研究

该项调查主要是通过收集和分析相关学科已有的调查成果和资料完成。通过咨询当地气象站，获得了积温、无霜期、降水等相关资料；借助《磐安土壤》和《磐安县种植业区划》等相关资料，辅以实地考察和专家分析，掌握了实际的海拔高度、坡度、地貌类型、成土母质等自然成土因素。

（二）土壤剖面形态的观察研究

结合《磐安土壤》的结果，通过对土壤剖面的实际调查和测定，基本掌握了全区内各区域不同土壤的土层厚度、土壤质地、土壤干湿度、土壤孔隙度、土壤排水状况、土壤侵蚀情况等相关信息。

（三）野外调查

根据《全国耕地地力调查项目技术规程》野外调查的要求，设计了《测土配方施肥采样地块基本情况调查表》和《农户施肥情况调查表》两种调查表格。调查的主要内容有村名、户名、电话号码、离村距离，采样点坂名、位置、经纬度、海拔、坡度、坡向、采样地块面积、代表面积、基础设施、当前种植作物、前作、作物品种、土壤类型、立地条件、剖面性状、土地排灌状况、种植制度、种植方式、施肥品种和用量情况。为确保调查内容准确性和一致性，保证调查过程万无一失，根据表格设计内容，编制了调查表格的填表说明，对调查人员进行专项培训。在实际操作过程中，要求工作人员在取样时尽可能填的仔细完整，施肥情况，农户不在场时，要求到农户家调查或电话联系，及时填写，以确保调查内容真实有效。共完成野外调查表1 515余份。

三、样品制备

（一）土壤样品制备

从野外采回的土壤样品及时放到样品风干场，摊成薄薄一层，置于干净整洁的室内通风处自然风干，严禁暴晒，并注意防止酸、碱等气体及灰尘的污染。风干过程中经常翻动土样并将大土块捏碎以加速干燥，同时剔除侵入体。

风干后的土样按照不同的分析研磨过筛，充分混匀后，装入样品瓶中备用。瓶内外各方标签一张，写明编号、采样地点、土壤名称、采样深度、样品粒径、采样日期、采样人及制样时间、制样人等项目。制备好的样品要妥善存贮，避免日晒、高温、潮湿和酸碱等气体的污染。全部分析工作结束，分析数据核实无误后，将视工作需要存留和处理部分土样，以备查询。"3414"实验等有价值、需要长期保存的样品，保存于广口瓶中，用蜡封号瓶口。

1. 化学分析样品制备

将风干后的样品平铺在制样板上，用木棍或塑料棍碾压，直至全部样品通过2mm孔径筛为止。通过2mm孔径筛的土样可供 pH 值、盐分、交换性能及有效养分等项目的测定。将通过2mm孔径筛的土样用四分法取出一部分继续碾磨，使之全部通过 0.25mm 孔径筛，供有机质、全氮等项目的测定。

2. 微量元素分析样品制备

用于微量元素分析的土样，其处理方法同一般化学分析样品，但在采样、风干、研磨、过筛、运输、贮存等环节，不要接触容易造成样品污染的铁、铜等金属器具。采样、制样使用不锈钢、木、竹或塑料工具，过筛使用尼龙网筛等。通过 2mm 孔径尼龙筛的样品可用于测定土壤有效态微量元素。

3. 颗粒分析样品制备

将风干土样反复碾碎，用 2mm 孔径筛过筛。留在筛上的碎石称量后保存，同时将过筛的土壤称重，计算石砾质量百分数。将通过 2mm 孔径筛的土样混匀后盛于广口瓶内，用于颗粒分析及其他物理性状测定。若风干土样中有铁锰结核、石灰结核或半风化体，不能用木棍碾碎，应首先将其拣出称量保存，然后再进行碾碎。

（二）植株样品制备

采回的新鲜植株样品如果混有泥土，可用细水小心冲洗，或用湿布擦净，根茎叶分装后置空气流通处风干或烘干。烘干样品时，先在 110℃烘箱中杀青 30 分钟，然后置于 60℃烘箱中烘干，以停止酶活动并驱除水分。籽实样品及时晒干脱粒，充分混匀后用四分法至所需要的数量，使用粉碎机粉碎过 0.5mm 筛后待测。烘干样品时，注意温度不能过高，以免把植株烤焦。最好不要晒，以免灰尘沾染或被风刮走。

四、样品检测

（一）样品检测意义

分析化验是进行测土配方施肥工作的重要组成部分，是掌握耕地地力和农业环境质量信息，进行农业生产和耕地质量管理，解决耕地障碍和农业环境质量问题不可或缺的重要手段，同时也是测土配方施肥工作中最容易出现误差的环节和数据信息的直接来源。当采集的样品送达实验室后，每一个样品的分析化验都经过样品制备→样品前处理→分析测试→数据处理→检测报告整理 5 个环节，每个环节都与分析质量密切相关。因此，对每一个环节我们都强化技术管理，对分析化验的全过程进行了严格的质量控制，以确保分析结果真实有效。

（二）样品检测项目及方法

根据测土配方施肥技术规范及农业部和浙江省农业厅的统一要求，确定测土配方施肥土壤和植株样品分析测试项目及方法（表3-1）。其中，土壤 pH 值、有机质、全氮、有效磷、速效钾为全测项目，其余为部分测试项目，为保证测试数据的系统完整，部分测试项目在测试样点选择时考虑到土壤类型，保证每个土种至少有一个测试样点。

表 3-1　测土配方施肥土壤、植株样品分析测试项目与方法

项目		分析方法
	容重	环刀法
	pH 值	玻璃电极法
	有机质	重铬酸钾-硫酸-油浴法
	全氮	凯氏蒸馏法
	全磷	氢氧化钠熔融-钼锑抗比色法
	全钾	氢氧化钠熔融-火焰光度法
	碱解氮	碱解扩散法
	有效磷	氟化铵-稀盐酸浸提法（酸性土）-分光光度法
		碳酸氢钠提取（石灰性土）-钼锑抗比色法
	速效钾	醋酸铵提取-火焰光度法
	缓效钾	热硝酸提取-火焰光度法
土壤	有效铜	DTPA 提取-原子吸收光谱法
	有效锌	DTPA 提取-原子吸收光谱法
	有效铁	DTPA 提取-原子吸收光谱法
	有效锰	DTPA 提取-原子吸收光谱法
	有效硼	沸水提取-甲亚胺-氢比色法
	交换性钙镁	乙酸铵浸提-原子吸收分光光度法
	交换性酸	氯化钾交换-中和滴定法
	阳离子交换量	EDTA-乙酸铵盐交换法
	机械组成	比重计法
植株	全氮	硫酸-过氧化氢消煮-凯氏蒸馏法
	全磷	硫酸-过氧化氢消煮-钒钼黄比色法
	全钾	硫酸-过氧化氢消煮-火焰光度法

五、质量控制

化验室面积为 150m²，由样品处理室、分析室、天平室、精密仪器室、试剂贮藏室、档案室、样品库等组成，已配设备包括原子吸收分光光度计、火焰光度计、紫外-可见分光光度计、凯氏定氮仪、酸度计、电导仪、超纯水器、振荡机、电热干燥箱、电子天平和计算机等仪器共 30 多台，共计设备投入 40 多万元。实验室配备专职人员 1 人，兼职人员 4 人，全年分析检测能力1 500 个。

实验室环境条件、人力资源、仪器设备及标准物质、实验室内的质量均按测土配方施肥技术规范要求进行控制，确保检测的精密度和准确度。养分测试质量通过设置平行（20%）、加质控样（2%）、设置空白试验等加以控制，同时不定期对仪器设备进行校准，加强化验人员测试能力培训，并组织土肥专家对测试结果合理性进行判断，确保测试数据的真实准确。

（一）控制采样误差

首先根据测试项目和要求制定周密的采样方案，使用适宜的采样工具、样品容器、合理布设采样点，按照随机、等量、混匀、防止污染的原则，按规范在采样点规定采样深度、形状大小等一致的土样混合，尽量减少采样误差，及时送交化验室，按规定进行样品处理和保管。

（二）严格样品登记制度

野外采样送交化验室时，明确专人负责样品的验收登记，并将样品的标签内容与野外调查表一一进行仔细核对，填写样品登记表，做到样品标签、野外调查表、样品登记表3个表相符，在摊样、收样、制样和分析过程中，随时注意样品的核对和确认，严防错号。

（三）规范仪器设备的使用

实验室使用的计量仪器和重要设备在检测前一律通过检定或校准合格后投入使用，以保证检测结果的准确性；使用前后对仪器设备的状况进行确认，必要时进行校验或运行检查，确认正常时方可投入使用。对主要的仪器设备制定使用操作规程，并严格按操作规程使用。

（四）严格分析质量

严格按规定的方法进行检验；标准溶液统一配制，并建立标准溶液领用制度，同时用国家有证标准物质对标准溶液进行校准；每批样必须按规定做空白样、平行样、密码样和参比样，结果超差或离群时，该批样品必须重做。

（五）严格数据的记录、校核和审核

规范统一原始记录表格，详细记录检测过程中影响质量的因子及试验数据，做到数据的可追溯性。原始记录须有分析人员、校核人员签字。

第二节　评价依据及方法

耕地地力评价是对各自然或人为形成的耕地区块的立地条件、理化性状、养分状况、土壤管理、气候条件等因素进行综合评价，根据综合生产潜力高低划分出地力等级。耕地地力是耕地生产力的综合反映，因此，要准确评价耕地地力，客观反映各类耕地的生产能力，就需要科学规范的评价行为。

一、评价依据

（一）评价的原则

耕地地力就是耕地的生产能力，是一定区域内一定的土壤类型上，耕地的土壤理化性状、所处自然环境条件、农田基础设施及耕作施肥管理水平等因素的总和。根据评价的目的要求，遵循以下原则。

1. 综合因素研究与主导因素分析相结合原则

土地是一个自然经济综合体，是人们利用的对象，对土地质量的鉴定涉及自然和社会经济多个方面，耕地地力也是各类要素的综合体现。所谓综合因素研究是指对地形地貌、土壤理化性状、相关社会经济因素之总体进行全面的研究、分析与评价，以全面了解耕地地力状况。主导因素是指对耕地地力起决定作用的、相对稳定的因子，在评价中要着重对其进行研究分析。因此，把综合因素与主导因素结合起来进行评价则可以对耕地地力做出科学准确的评定。

2. 共性评价与专题研究相结合原则

磐安县自然地理环境和生产内容复杂，具有类型多样性、分布层次性、利用多宜性的特征，耕地利用存在水田、旱地、茶桑果园等多种类型，土壤理化性状、环境条件、管理水平等不一，因此耕地地力水平有较大的差异。考虑本区域内耕地地力的系统性和可比性，针对不同的耕地利用等状况，应选用统一的共同评价指标和标准，即耕地地力的评价不针对某一特定的利用类型。另一方面，为了解不同利用类型的耕地地力状况及其内部的差异情况，对有代表性的主要类型如蔬菜地等进行专题的深入研究。这样，共性评价与专题研究相结合，使整个评价和研究具有更大的应用价值。

3. 定量和定性相结合原则

土地系统是一个复杂的灰色系统，定量和定性要素共存，相互作用，相互影响。因此，为了保证评价结果的客观合理，宜采用定量和定性评价相结合的方法。在总体上，为了保证评价结果的客观合理，尽量采用定量评价方法，对可定量化的评价因子如有机质等养分含量、土层厚度等按其数值参与计算，对非数量化的定性因子如土壤表层质地、土体构型等则进行量化处理，确定其相应的指数，并建立评价数据库，以计算机进行运算和处理，尽量避免人为随意性因素影响。在评价因素筛选、权重确定、评价标准、等级确定等评价过程中，尽量采用定量化的数学模型，在此基础上则充分运用专家知识，对评价的中间过程和评价结果进行必要的定性调整，定量与定性相结合，从而保证了评价结果的准确合理。

4. 采用 GIS 支持的自动化评价方法原则

自动化、定量化的土地评价技术方法是当前土地评价的重要方向之一。近年来，随着计算机技术，特别是 GIS 技术在土地评价中的不断应用和发展，基于 GIS 的自动化评价方法已不断成熟，使土地评价的精度和效率大大提高。本次耕地地力评价工作通过数据库建立、评价模型及其与 GIS 空间叠加等分析模型的结合，实现了全数字化、自动化的评价流程，在一定程度上代表了当前土地评价的最新技术方法。

（二）评价的依据

按照《农业部办公厅关于做好耕地地力评价工作的通知》（农办农〔2007〕66号）、《农业部办公厅关于加快推进耕地地力评价工作的通知》（农办农〔2008〕75号）以及项目县与农业部签订的"测土配方施肥资金补贴项目"合同要求，各项目县应抓紧做好耕地地力评价工作。

耕地地力评价的依据为《全国耕地类型区、耕地地力等级划分》（NY/T 309—1996）及《浙江省标准农田地力调查与分等定级技术规范》。根据全国耕地类型区划分标准，磐安县水田为南方稻田耕地类型区，旱地为红、黄壤旱地类型区。以上两个标准为依据对磐安县境内的耕地地力进行评价和等级划分，与此次耕地地力评价相关的各类自然和社会经济要素包括3个方面：

1. 自然环境要素

包括耕地所处的地形地貌条件、水文地质条件、成土母质条件以及土地利用状况等。

2. 土壤理化要素

包括土壤剖面、土体构型、耕层厚度、质地、容重等物理性状，有机质、氮、磷、钾等主要养分、阳离子交换量、pH 值、容重等化学性状等。

3. 农田基础设施条件

包括耕地的灌排条件、水土保持工程建设、培肥管理条件等。

二、评价技术流程

耕地地力评价工作分为4个阶段，一是准备阶段，二是调查分析阶段，三是评价阶段，四是成果汇总阶段，具体工作步骤详见图3-1。

三、评价指标

（一）评价指标体系

耕地地力即为耕地生产能力，是由耕地所处的自然背景、土壤本身特性和耕作管理水平等要素构成。耕地地力主要由三大因素决定：一是立地条件，即

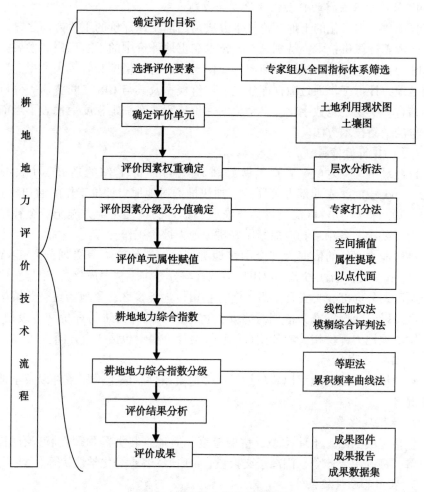

图 3-1 耕地地力评价技术流程

与耕地地力直接相关的地形地貌及成土条件，包括成土时间与母质；二是土壤条件，包括土体构型、耕作层土壤的理化形状、特殊理化指标；三是农田基础设施及培肥水平等。为准确反映全县耕地地力水平，在省评价指标体系基础上，根据磐安县耕地土壤属性、自然地理条件和农业生态特点，选择地貌类型、坡度、冬季地下水位、地表砾石度、剖面构型、耕层厚度、质地、容重、pH 值、阳离子交换量、有机质、有效磷、速效钾、排涝抗旱能力等 14 项因子，作为磐安县耕地地力评价的指标体系。指标体系共分 3 个层次：第一层为目标层，即耕地地力；第二层为状态层，其评价要素是在省级状态层要素中选取 4 个；第三层为指标层，其评价要素与省级指标层基本相同（表 3-2）。

表 3-2 磐安县耕地地力评价指标体系

目标层	状态层	指标层
耕地地力	立地条件	地貌类型
		坡度
		冬季地下水位
		地表砾石度
	理化性状	容重
		耕层质地
		CEC
		pH 值
		有机质
		速效钾
		有效磷
	剖面构型	耕层厚度
		剖面构型
	土壤管理	抗旱（或排涝）能力

（二）评价指标量化

本次地力评价采用因素（指标）分值线性加权方法计算评价单元综合地力指数，因此，首先需要建立因素的分级标准，并确定相应的分值，形成因素分级和分值体系表。生产能力分值参照浙江省耕地地力评价指标分级分值标准，分值 1 表示最好，分值 0.1 表示最差。具体见表 3-3 至表 3-17。

表 3-3 地貌类型

水网平原	河谷平原大畈/低丘大畈	河谷平原	低丘	高丘、低山	中山	高山
1.0	0.8	0.7	0.5	0.3	0.2	0.1

表 3-4 坡度

≤3°	3°~6°	6°~10°	10°~15°	>15°
1.0	0.8	0.7	0.4	0.2

表 3-5 冬季地下水位

≤20cm	20~50cm	50~80cm	80~100cm	>100cm
0.1	0.4	0.7	1.0	0.8

表 3-6 剖面构型

水田	A-Ap-W-C		A-Ap-P-C、A-Ap-Gw-G		A-Ap-C A-Ap-G
	1.0		0.7		0.3
旱地	A- [B] -C		A- [B] C-C		A-C
	1.0		0.5		0.1

表 3-7 耕层厚度

≤8.0cm	8.0~12cm	12~16cm	16~20cm	>20cm
0.3	0.6	0.8	0.9	1.0

表 3-8 质地

砂土	壤土	黏壤土	黏土
0.5	0.9	1.0	0.7

表 3-9 容重

0.9~1.1（g/cm^3）	≤0.9、1.1~1.3（g/cm^3）	>1.3（g/cm^3）
1.0	0.8	0.5

表 3-10 pH 值

≤4.5	4.5~5.5	5.5~6.5	6.5~7.5	7.5~8.5	>8.5
0.2	0.4	0.8	1.0	0.7	0.2

表 3-11 阳离子交换量

≤5 （cmol/100g 土）	5~10 （cmol/100g 土）	10~15 （cmol/100g 土）	15~20 （cmol/100g 土）	>20 （cmol/100g 土）
0.1	0.4	0.6	0.9	1.0

表 3-12　有机质

≤10（g/kg）	10~20（g/kg）	20~30（g/kg）	30~40（g/kg）	>40（g/kg）
0.3	0.5	0.8	0.9	1.0

表 3-13　有效磷——Olsen 法

≤5（mg/kg）	5~10（mg/kg）	10~15（mg/kg）	15~20、>40（mg/kg）	20~30（mg/kg）	30~40（mg/kg）
0.2	0.5	0.7	0.8	0.9	1.0

表 3-14　有效磷——Bray 法

≤7（kg/kg）	7~12（kg/kg）	12~18（kg/kg）	18~25、>50（kg/kg）	25~35（kg/kg）	35~50（kg/kg）
0.2	0.5	0.7	0.8	0.9	1.0

表 3-15　速效钾

≤50（mg/kg）	50~80（mg/kg）	80~100（mg/kg）	100~150（mg/kg）	>150（mg/kg）
0.3	0.5	0.7	0.9	1.0

表 3-16　排涝能力

一日暴雨一日排出	一日暴雨二日排出	一日暴雨三日排出
1.0	0.6	0.2

表 3-17　抗旱能力

>70 天	50~70 天	30~50 天	<30 天
1.0	0.8	0.4	0.2

（三）评价指标权重

14 个指标权重的确定，根据磐安县山区特点，参照浙江省耕地地力评价指标权重标准，对地貌类型、坡度、剖面构型、pH 值的权重适当提高，对冬季地下水位、耕层厚度、质地、容重、有机质、排涝抗旱能力的权重适当降低，具体见表 3-18。

表 3-18　磐安县耕地地力评价体系各指标权重

序号	指标	权重
1	地貌类型	0.14
2	坡度	0.08
3	地表砾石度	0.06
4	剖面构型	0.08
5	冬季地下水位	0.04
6	耕层厚度	0.06
7	耕层质地	0.07
8	容重	0.03
9	pH 值	0.08
10	阳离子交换量	0.08
11	有机质	0.08
12	有效磷	0.06
13	速效钾	0.06
14	排涝或抗旱能力	0.08
合计		1

四、评价方法

（一）地力指数计算

应用线性加权法，计算每个评价单元的综合地力指数（IFI）。计算公式为：

$$IFI = \sum (Fi \times wi)$$

式中：$\sum$ 为求和运算符；Fi 为单元第 i 个评价因素的分值，wi 为第 i 个评价因素的权重，即该属性对耕地地力的贡献率。

（二）地力等级划分

应用等距法确定耕地地力综合指数分级方案，将磐安县耕地地力等级分为以下 3 等 6 级，见表 3-19。

表 3-19　磐安县耕地地力评价等级划分

地力等级		耕地综合地力指数（IFI）
一等	一级	≥0.9
	二级	0.9~0.8

（续表）

地力等级		耕地综合地力指数（IFI）
二等	三级	0.8~0.7
	四级	0.70~0.6
三等	五级	0.6~0.5
	六级	<0.50

五、地力评价结果的验证

2008 年，磐安县根据浙江省政府要求，曾组织开展了 3.17 万亩标准农田的地力调查与分等定级、基础设施条件核查，明确了标准农田的数量和地力等级状况，掌握了标准农田质量和存在的问题。经实地详细核查，标准农田分等定级结果符合实际产量情况。在此基础上，从 2010 年起，启动以吨粮生产能力为目标、以地力培育为重点的标准农田质量提升工程。

为检验本次耕地地力的评价结果，我们采用经验法，以 2008 年标准农田分等定级成果为参考，借助 GIS 空间叠加分析功能，对本次耕地地力评价与 2008 年标准农田地域重叠部分的评价结果（分等定级类别）进行了吻合程度分析。结果表明，此次地力评价结果中属于标准农田区域范围的耕地其地力等级与标准农田分等定级结果吻合程度达 100%，由此可以推断本次耕地地力评价结果是合理的。

第三节　耕地资源管理信息系统建立与应用

耕地资源信息系统以县行政区域内耕地资源为管理对象，主要应用地理信息系统技术对辖区的地形、地貌、土壤、土地利用、农田水利、土壤污染、农业生产基本情况、永久基本农田保护区等资料进行统一管理，构建耕地资源基础信息系统，并将此数据平台与各类管理模型结合，对辖区内的耕地资源进行系统的动态的管理，为农业决策者、农民和农业技术人员提供耕地质量动态变化、土壤适宜性、施肥咨询、作物营养诊断等多方位的信息服务。图 3-2 概括描述了系统层次关系。

一、资料收集与整理

耕地地力评价是以耕地的各性状要素为基础，因此，必须广泛收集与评价

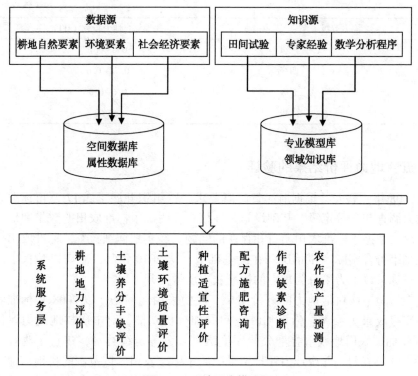

图 3-2　系统层次描述图

有关的各类自然和社会经济因素资料，为评价工作做好数据准备。本次耕地地力评价收集获取的资料主要包括以下几个方面。

（一）野外调查资料

按野外调查点获取，主要包括地形地貌、土壤母质、水文、土层厚度、表层质地、剖面构型、冬季地下水位、耕地利用现状、灌排条件、作物长势产量、管理措施水平等。

（二）室内化验分析资料

包括有机质、全氮、碱解氮、有效磷、速效钾等大量养分含量，有效铜、有效锌、有效铁、有效锰等微量养分含量，以及 pH 值、土壤容重、阳离子交换量和地表砾石度等。

（三）社会经济统计资料

全县以及分乡镇的人口、土地面积、耕地、园地、粮油、中药材作物及蔬菜瓜果面积，以及各类投入产出等社会经济指标数据。

（四）图件资料

主要包括磐安县 1 : 50 000 的行政区划图、地形图、土壤图、地貌分区图，以及最新的 1 : 10 000 的土地利用现状图等。

（五）其他文字资料

包括年粮食单产、总产、种植面积统计资料，农村及农业生产基本情况资料，历年土壤肥力监测点田间记载及分析结果资料，近几年主要粮食作物、主要品种产量构成资料，《磐安县土壤志》及第二次土壤普查时形成的记录册等。

二、空间数据库的建立

（一）图件整理

对收集的图件进行筛选、整理、命名、编号。

（二）数据预处理

图形预处理是为简化数字化工作而按设计要求进行的图层要素整理与删选过程，预处理按照一定的数字化方法来确定，也是数字化工作的前期准备。

（三）图件数字化

地图数字化工作包括几何图形数字化与属性数字化。属性数字化采用键盘录入方法。图形数字化采用的是扫描后屏幕数字化。过程具体如下：先将经过预处理的原始地图进行大幅面的扫描仪扫描成 300dpi 的栅格地图，然后在 Arc-Map 中打开栅格地图，进行空间定位，确定各种容差之后，进行屏幕上手动跟踪图形要素而完成数字化工作；数字化之后对数字地图进行矢量拓扑关系检查与修正；然后再对数字地图进行坐标转换与投影变换，本次工作中，所有矢量数据统一采用高斯—克吕格投影，3 度分带，中央经线为 E120°，大地基准坐标系采用西安 1980 坐标系，高程基准采用 1985 国家高层基准。最后，所有矢量数据都转换成 ESRI 的 ShapeFile 文件。

（四）空间数据库内容

耕地资源管理信息系统空间数据库包含的主要矢量图层见表 3-20，各空间要素层的属性信息在属性数据库中介绍。

表 3-20　耕地资源管理信息系统空间数据库主要图层一览表

序号	图层名称	图层类型
1	行政区划图	面（多边形）
2	行政注记	点
3	行政界线图	线
4	地貌类型图	面（多边形）
5	交通道路图	线
6	水系分布图	面（多边形）
7	1：1万土地利用现状图	面（多边形）
8	土壤图	面（多边形）
9	耕地地力评价单元图	面（多边形）
10	耕地地力评价成果图	面（多边形）
11	耕地地力调查点位图	点
12	测土配方施肥采样点位图	点
13	第二次土壤普查点位图	点
14	各类土壤养分图	面（多边形）

三、属性数据库的建立

属性数据包括空间属性数据与非空间属性数据，前者指与空间要素一一对应的要素属性，后者指各类调查、统计报表数据。

（一）空间属性数据库结构定义

本次工作在满足《县域耕地资源管理信息系统数据字典》要求的基础上，根据浙江省实际加以适当补充，对空间属性信息数据结构进行了详细定义。表3-21、表3-22、表3-23、表3-24分别描述了土地利用现状要素、土壤类型要素、耕地地力调查取样点要素、耕地地力评价单元要素的数据结构定义。

表 3-21　土地利用现状图要素属性结构

字段中文名	字段英文名	字段类型	字段长度	小数位	说明
目标标识码	FID	Int	10		系统自动产生
乡镇代码	XZDM	Char	9		
乡镇名称	XZMC	Char	20		
权属代码	QSDM	Char	12		指行政村

（续表）

字段中文名	字段英文名	字段类型	字段长度	小数位	说明
权属名称	QSMC	Char	20		指行政村
权属性质	QSXZ	Char	3		
地类代码	DLDM	Char	5	0	
地类名称	DLMC	Char	20	0	
毛面积	MMJ	Float	10	1	单位：m^2
净面积	JMJ	Float	10	1	单位：m^2

表3-22 土壤类型图要素属性结构

字段中文名	字段英文名	字段类型	字段长度	小数位	说明
目标标识码	FID	Int	10		系统自动产生
县土种代码	XTZ	Char	10		
县土种名称	XTZ	Char	20		
县土属名称	XTS	Char	20		
县亚类名称	XYL	Char	20		
县土类名称	XTL	Char	20		
省土种名称	STZ	Char	20		
省土属名称	STS	Char	20		
省亚类名称	SYL	Float	20		
省土类名称	STL	Float	20		
面积	MJ	Float	10	1	
备注	BZ	Char	20		

表3-23 耕地地力调查取样点位图要素属性结构

字段中文名	字段英文名	字段类型	字段长度	小数位	说明
目标标识码	FID	Int	10		系统自动产生
统一编号	CODE	Char	19		
采样地点	ADDR	Char	20		
东经	EL	Char	16		
北纬	NB	Char	16		
采样日期	DATE	Date			

（续表）

字段中文名	字段英文名	字段类型	字段长度	小数位	说明
地貌类型	DMLX	Char	20		
地形坡度	DXPD	Float	4	1	
地表砾石度	LSD	Float	4	1	
成土母质	CTMZ	Char	16		
耕层质地	GCZD	Char	12		
耕层厚度	GCHD	Int			
剖面构型	PMGX	Char	12	1	
排涝能力	PLNL	Char	20		
抗旱能力	KHNL	Char	20		
地下水位	DXSW	Int	4		
CEC	CEC	Float	8	1	
容重	BD	Float	8	2	
水溶性盐总量	QYL	Float	8	2	
pH 值	PH	Float	8	1	
有机质	OM	Float	8	2	
有效磷	AP	Float	8	2	
速效钾	AK	Float	8	2	

表 3-24　耕地地力评价单元图要素属性结构

字段中文名	字段英文名	字段类型	字段长度	小数位	说明
目标标识码	FID	Int	10		系统自动产生
单元编号	CODE	Char	19		
乡镇代码	XZDM	Char	9		
乡镇名称	XZMC	Char	20		
权属代码	QSDM	Char	12		
权属名称	QSMC	Char	20		
地类代码	DLDM	Char	5	0	
地类名称	DLMC	Char	20	0	
毛面积	MMJ	Float	10	1	单位：m²
净面积	JMJ	Float	10	1	单位：m²

（续表）

字段中文名	字段英文名	字段类型	字段长度	小数位	说明
校正面积	XZMJ	Float	10	1	单位：m^2
土种代码	XTZ	Char	10		
土种名称	XTZ	Char	20		
地貌类型	DMLX	Char	20		
地形坡度	DXPD	Float	4	1	
地表砾石度	LSD	Float	4	1	
耕层质地	GCZD	Char	12		
耕层厚度	GCHD	Int			
剖面构型	PMGX	Char	12		
排涝能力	PLNL	Char	20		
抗旱能力	KHNL	Char	20		
地下水位	DXSW	Int			
CEC	CEC	Float	8	2	
容重	BD	Float	8	2	
水溶性盐总量	SRYY	Float	8	2	
pH 值	PH	Float	3	1	
有机质	OM	Float	8	2	
有效磷	AP	Float	8	2	
速效钾	AK	Float	8	2	
地力指数	DLZS	Float	6	3	
地力等级	DLDJ	Int	1		

（二）空间数据属性数据的入库

空间属性数据库的建立与入库可独立于空间数据库和地理信息系统，可以在 Excel、Access、FoxPro 下建立，最终通过 ArcGIS 的 Join 工具实现数据关联。具体为：在数字化过程中建立每个图形单元的标识码，同时在 Excel 中整理好每个图形单元的属性数据，接着将此图形单元的属性数据转化成用关系数据库软件 FoxPro 的格式，最后利用标识码字段，将属性数据与空间数据在 ArcMap 中通过 Join 命令操作，这样就完成了空间数据库与属性数据库的联接，形成统一的数据库，也可以在 ArcMap 中直接进行属性定义和属性录入。

（三） 非空间数据属性数据库建立

非空间属性信息，主要通过 Microsoft Access 2007 存储。主要包括磐安县——浙江省土种对照表、农业基本情况统计表、社会经济发展基本情况表、历年土壤肥力监测点情况统计表、年粮食生产情况表等。

四、确定评价单元及单元要素属性

（一） 确定评价单元

评价单元是由对土地质量具有关键影响的各土地要素组成的空间实体，是土地评价的最基本单位、对象和基础图斑。同一评价单元内的土地自然基本条件、土地的个体属性和经济属性基本一致，不同土地评价单元之间，既有差异性，又有可比性。耕地地力评价就是要通过对每个评价单元的评价，确定其地力级别，把评价结果落实到实地和编绘的土地资源图上。因此，土地评价单元划分的合理与否，直接关系到土地评价的结果以及工作量的大小。

由于本次工作采用的基础图件——土地利用现状图，比例尺为 1∶10 000，该尺度下的土地利用现状图斑单元能够满足单元内部属性基本一致的要求。因此，工作中直接从 1∶10 000 土地利用现状图上提取耕地，生成耕地地力评价单元图，评价单元图上共有 25 134 个图斑。这样，也更方便与国土部门数据的衔接管理。

（二） 单元因素属性赋值

耕地地力评价单元图除了从土地利用现状单元继承的属性外，对于参与耕地地力评价的因素属性及土壤类型等必须根据不同情况通过不同方法进行赋值。

1. 空间叠加方式

对于地貌类型、排涝抗旱能力等成较大区域连片分布的描述型因素属性，可以先手工描绘出相应的底图，然后数字化建立各专题图层，如地貌分区图、抗旱能力分区图等，再把耕地地力评价单元图与其进行空间叠加分析，从而为评价单元赋值。同样方法，从土壤类型图上提取评价单元的土壤信息。这里可能存在评价与专题图上的多个矢量多边形相交的情况，采用以面积占优方法进行属性值选择。

2. 以点代面方式

对于剖面构型、质地等一般描述型属性，根据调查点分布图，利用以点代面的方法给评价单元赋值。当单元内含有一个调查点时，直接根据调查点属性值赋值；当单元内不包含调查点时，一般以土壤类型作为限制条件，根据相同土壤类型中距离最近的调查点属性值赋值；当单元内包含多个调查点时，需要对点作一致性分析后再赋值。

3. 区域统计方式

对于耕层厚度、容重、有机质、有效磷等定量属性，分两步走，首先将各个要素进行 Kriging 空间插值计算，并转换成 Grid 数据格式；然后分别与评价单元图进行区域统计（Zonal Statistics）分析，获取评价单元相应要素的属性值。最后，使得基本评价单元图的每个图斑都有相应的 14 个评价要素的属性信息。

（三）面积平差

由于土地利用现状图成图时间为 2009 年 4 月，而最终面积数据需要以 2009 年的统计报告数据为准，因此，对于耕地地力评价单元图，以乡镇为单位分水田、旱地分别进行面积平差，保证评价结果数据与统计报告数据的一致。

五、耕地资源管理系统建立与应用

结合耕地资源管理需要，基于 GIS 组件开发了耕地资源信息系统，除基本的数据入库、数据编辑、专题图制作外，主要包括取样点上图、化验数据分析、耕地地力评价、成果统计报表输出、作物配方施肥等专业功能。利用该系统开展了耕地地力评价、土壤养分状况评价、耕地地力评价成果统计分析及成果专题图件制作。在此基础上，利用大量的田间试验分析结果，优化作物测土配方施肥模型参数，形成本地化的作物配方施肥模型，指导农民科学施肥。

为了更好地发挥耕地地力评价成果的作用，更便捷地向公众提供耕地资源与科学施肥信息服务，开发了耕地地力与配方施肥信息系统触摸屏系统，农户只要点击访问地块即可查询肥力状况并获取施肥建议。该系统主要对外发布耕地资源分布、土壤养分状况、地力等级状况、耕地地力评价调查点与测土配方施肥调查点有关土壤元素化验信息，以及主要农业产业布局，重点是开展本地主要农作物的科学施肥咨询。

第四章

耕地土壤养分

第一节 有机质和大量元素

一、施肥状况

20世纪50—60年代以农家肥为主，亩用栏肥10~15担、人粪尿6~8担（山区人畜肥不足的割树叶10~20担）、焦泥灰8~10担、饼肥5kg、石膏1.5kg、绿矾1kg、化肥（氮）2.5kg。大力发展种植绿肥、稻田养萍，最多时种植绿肥3.5万亩、养萍1万亩，并号召增积土杂肥，1968年，挖塘泥38万担、堆肥（用杂草、树叶、垃圾肥、杂骨、毛发、缸砂混合）16万担、烟囱灰3万担，水葫芦12万担，5406菌肥0.5万担。80年代开始，化肥用量大增，用量占60%以上，氮、磷、钾之比1：0.16：0.17，有机肥、土肥减少，种植绿肥下降。2000年以来，开始推广秸秆还田，重视有机肥使用，开展地力培肥，对种植绿肥、使用商品有机肥给予补助，同时大力推广测土配方施肥技术，实行有机肥、无机肥相结合。

化肥施用中推广化肥深施，增施磷肥，油菜施硼，其数量为：20世纪50年代年供氮肥10~154t、磷肥1~7t，亩均用量（纯）1kg；60年代年供氮肥58~597t，磷肥63~2 369t，亩均1~7kg，平均3.9kg；70年代年供氮肥403~1 756t，磷肥753~2 843t，1977年开始供应钾肥13~89t、复合肥16~118t，亩均用量4~13kg，平均8.2kg；80年代折纯量2 021~4 369t，1987年开始复合肥用量增加1 372~3 076t，亩均用量18~40kg，平均25.4kg，2008年调查亩均用量26~42kg，平均31.6kg，实物量13 094.8t，其中，碳酸氢铵2 648.6t，尿素4 541.2t，磷肥1 780.7t，钾肥423.2t，复合肥3 801.1t，氮磷钾之比为1：0.85：0.38，磷用量明显偏高。2009年，推广测土配方施肥后，降磷增钾为目标，推广水稻、茭白、药材、茶叶等主导作物配方肥，当年推广配方肥285t，以后逐年递增，到2016年水稻、茭白、贝母茶叶等各类配方肥达3 300t，全年化肥总实物量8 826t，其中，氮肥4 032t，磷肥1 682t，钾肥556t，复合肥（含配方肥）2 556t，氮磷钾之比为1：0.68：0.59，化肥用量下降，亩均17.8kg（纯量），且钾上升，磷下降，逐向合理。商品有机肥用量上升快，从2010年几百吨至2016年达1.1万t，并出现供不应求局面。

二、磐安县土壤养分现状

2009年磐安县被列入测土配方施肥项目实施县，开展了全县耕地、园地地力评价，按耕地 100 亩左右取一个样，园地 150 亩左右取一个样，抽取土样 1 523 个，完成检测项目 1.6 万项次，将检测数据录入测土配方施肥数据库，通过数据汇总、分析，全县土壤养分现状如下。

（一）有机质

磐安土壤有机质总体含量中等，有机质含量集中在 20~30g/kg，占全县面积 69.5%，其次含量在 30~40g/kg 占 20.4%，含量≤10g/kg 很少，耕地与园地基本相同，但高含量>40g/kg 以耕地为多（表 4-1）。

从不同土壤类型看，黄壤、水稻土较高，分别为 29.3g/kg、26.8g/kg，紫色土、潮土类较低，分别为 23.5g/kg、20.7 g/kg。黄壤垂直分布上多在山顶部，海拔较高、空气潮湿、气温稍低，有机质转化慢，加上从前植被好，植物落叶残留多，有机质积聚高；水稻土比旱地红壤高，主要是水田交通相对好，农家肥、有机肥施用较多之故；而潮土类、紫色土较低，多为砂壤土，通气性强，有机质分解快（表 4-2）。

表 4-1　不同等级有机质含量统计

有机质 (g/kg)	面积 (亩)	百分比 (%)	一等田 (亩)	百分比 (%)	二等田 (亩)	百分比 (%)	三等田 (亩)	百分比 (%)
耕地+园地								
>40	4 072	2.2			3 455	84.9	616	15.1
30~40	37 630	20.4	31	0.1	29 521	78.4	8 078	21.5
20~30	127 858	69.5	96	0.1	112 958	88.3	14 804	11.6
10~20	14 288	7.8			12 379	86.6	1 909	13.4
≤10	224	0.1			224	100.0		
合计	184 073		128	0.1	158 537	86.1	25 408	13.8
耕地								
>40	2 592	2.5			2 246	86.6	346	13.4
30~40	21 453	20.4	28	0.1	16 611	77.4	4 815	22.4
20~30	70 783	67.5	96	0.1	62 232	87.9	8 455	11.9
10~20	9 903	9.4			8 785	88.7	1 118	11.3
≤10	207	0.2			207	100.0		
合计	104 939		124	0.1	90 081	85.8	14 734	14.0
园地								
>40	1 479	1.9			1 209	81.7	270	18.3
30~40	16 177	20.4	3	0.0	12 910	79.8	3 264	20.2
20~30	57 075	72.1			50 726	88.9	6 349	11.1
10~20	4 385	5.5			3 594	82.0	791	18.0
≤10	17	0.0			17	100.0		
合计	79 133		3	0.0	68 456	86.5	10 674	13.5

表4-2 各等级耕地不同土壤有机质含量统计 单位：g/kg

土壤类型 \ 地力等级	二级	三级	四级	五级	平均
潮土	0.0	22.45	18.97	0	20.7
红壤	26.87	24.72	26.25	27.21	26.3
黄壤	0.0	28.71	29.89	29.22	29.3
水稻土	27.72	25.89	26.16	27.46	26.8
紫色土	0.0	24.54	22.44	0	23.5

不同质地的有机质变化为：砂黏壤土最高平均31.14g/kg，其次为粉黏壤土28.57g/kg，黏土最低仅20.42g/kg，总体中间高，两头低，即黏土、砂土低，粉黏壤土、砂黏壤土高，说明有一定的保肥能力又有一定的供肥能力的土壤较好（表4-3）。

表4-3 各等级耕地不同质地有机质含量变化 单位：g/kg

耕层质地	二级	三级	四级	五级	平均
黏壤土	24.17	23.43	23.78	23.24	23.66
壤土	26.16	24.85	26.72	27.24	26.24
砂黏壤土	0.0	35.57	27.12	30.74	31.14
砂壤土	30.73	25.27	28.76	25.33	27.52
粉黏壤土	0.0	31.67	24.28	29.75	28.57
粉壤土	32.99	28.50	27.23	25.47	28.55
黏土	0.0	0.0	20.69	20.15	20.42

不同乡镇的有机质含量对比，山区高海拔乡镇有机质含量高，如九和、高二、盘峰等平均含量均超30g/kg，其次，双峰、尖山、大盘，玉山台地属于中间，含量在26~28g/kg，低海拔的新渥、深泽、安文、双溪有机质含量最低20g/kg左右，其中，双溪仅19.38g/kg，主要与气温有关，高海拔温度低，有机质分解慢，而低海拔温度高有机质分解转化快（表4-4）。另外，低海拔的新渥、深泽耕地复种指数高，利用率高，而山区年种一熟，有的休闲，利用率较低。

表4-4 各等级耕地不同乡镇有机质含量对比 单位：g/kg

乡镇名称	二级	三级	四级	五级	平均
安文镇	0	22.42	23.06	19.73	21.74
大盘镇	0	29.04	30.70	26.76	28.83

（续表）

乡镇名称	二级	三级	四级	五级	平均
方前镇	24.17	23.28	25.96	32.22	26.41
高二乡	0	0	30.42	30.90	30.66
胡宅乡	0	0	27.63	29.08	28.36
尖山镇	0	31.77	26.17	29.82	29.25
九和乡	0	51.09	26.60	21.64	33.11
冷水镇	32.99	24.23	23.62	0.0	26.95
盘峰乡	0	0	31.83	28.54	30.19
仁川镇	25.87	26.79	28.41	26.96	27.01
尚湖镇	0	28.79	28.18	26.19	27.72
深泽乡	0	23.6	24.14	19.93	22.56
双峰乡	0	34.44	29.11	26.37	29.97
双溪乡	0	19.91	22.54	15.68	19.38
万苍乡	0	31.39	26.10	22.48	26.66
维新乡	0	25.8	30.39	24.17	26.79
新渥镇	29.3	23.5	26.21	0.0	26.34
窈川乡	0	34.48	27.10	27.82	29.80
玉山镇	0	31.14	26.32	24.26	27.24

（二）全氮

全氮不同含量对比，以含量 1.0～1.5g/kg 为主，占 56.7%，其次 1.5～2.0g/kg，占 37.9%，说明总体为中偏下；耕地园地对比，含量在 2.5g/kg 以上的集中在耕地，说明园地氮素肥料施用相对较少（表4-5）。

表4-5 全氮不同含量统计　　　　　　　单位：g/kg、亩、%

全氮	面积	百分比	一等田	百分比	二等田	百分比	三等田	百分比
			耕地+园地					
≤0.5	55	0			55	100		
0.5～1.0	4 759	2.6			4 072	85.6	687	14.4
1.0～1.5	104 294	56.7	21	0	93 567	89.7	10 706	10.3
1.5～2.0	69 711	37.9	106	0.2	56 657	81.3	12 947	18.6
2.0～2.5	4 806	2.6			3 738	77.8	1 067	22.2
2.5～3.0	376	0.2			376	99.8	1	0.2
>3.0	72	0			72	100		
合计	184 073		128	0.1	158 537	86.1	25 408	13.8

（续表）

全氮	面积	百分比	一等田	百分比	二等田	百分比	三等田	百分比
			耕地					
≤0.5	52	0			52	100		
0.5~1.0	3 020	2.9			2 632	87.1	388	12.9
1.0~1.5	59 686	56.9	21	0	53 710	90	5 955	10
1.5~2.0	38 646	36.8	103	0.3	30 905	80	7 638	19.8
2.0~2.5	3 179	3			2 426	76.3	752	23.7
2.5~3.0	285	0.3			284	99.8	1	0.2
>3.0	72	0.1			72	100		
合计	104 939		124	0.1	90 081	85.8	14 734	14
			园地					
≤0.5	3	0			3	100		
0.5~1.0	1 738	2.2			1 440	82.8	298	17.2
1.0~1.5	44 608	56.4			39 857	89.3	4 751	10.7
1.5~2.0	31 065	39.3	3	0	25 752	82.9	5 310	17.1
2.0~2.5	1 627	2.1			1 312	80.7	315	19.3
2.5~3.0	91	0.1			91	100		
>3.0	0	0						
合计	79 133		3	0	68 456	86.5	10 674	13.5

有机质和全氮的相关性分析，有机质含量高，全氮高，呈正相关（表4-6）。

表4-6　有机质和全氮的相关性分析

有机质	全氮（g/kg）				
（mg/kg）	最小值	最大值	平均值	标准差	变异系数
>40	1.31	3.18	2.17	0.41	0.19
30~40	1.23	2.57	1.75	0.18	0.1
20~30	0.9	2.03	1.43	0.17	0.12
10~20	0.49	1.99	1.11	0.21	0.19
≤10	0.39	1.67	1.17	0.48	0.41

不同土壤全氮量对比，以黄壤最高 1.6g/kg，其次水稻土为 1.49g/kg，紫色土、潮土较低分别为 1.32g/kg、1.12g/kg（表4-7），与有机质变化基本相同，黄壤含量高与地形地貌、成土母质有关，其处于海拔 600m 以上，母质以

凝灰岩风化物为主，土层厚，植被好，表层腐殖质积聚。

表4-7　各等级耕地不同土壤全氮量对比　　　　单位：g/kg

土壤类型	二级	三级	四级	五级	平均
潮土	0	1.16	1.07	0	1.12
红壤	1.57	1.38	1.45	1.49	1.47
黄壤	0	1.56	1.63	1.62	1.60
水稻土	1.52	1.41	1.48	1.53	1.49
紫色土	0	1.32	1.31	0	1.32

不同质地全氮含量对比，以粉壤土最高为1.54g/kg，其次壤土类，以黏土最低，仅0.79g/kg（表4-8）。

表4-8　各等级耕地不同质地全氮含量对比　　　　单位：g/kg

耕层质地	二级	三级	四级	五级	平均
黏壤土	1.51	1.36	1.39	1.34	1.40
壤土	1.53	1.36	1.48	1.55	1.48
砂黏壤土	0	1.81	1.48	1.63	1.23
砂壤土	1.34	1.41	1.6	1.46	1.45
粉黏壤土	0	1.59	1.31	1.55	1.11
粉壤土	1.74	1.53	1.48	1.41	1.54
黏土	0	0	1.56	1.61	0.79

各乡镇全氮含量对比，总体山区海拔高的全氮含量较高，如盘山区域的大盘、高二、维新和玉山区域的尚湖、玉山、尖山等，低海拔的全氮含量低，新渥到安文一带及双溪。但也有个别例外，如低海拔的方前也较高，山区海拔高的九和、万苍也较低（表4-9）。

表4-9　各等级耕地各乡镇全氮含量对比　　　　单位：g/kg

乡镇名称	二级	三级	四级	五级	平均
安文镇	0	1.25	1.27	1.15	1.22
大盘镇	0	1.72	1.74	1.57	1.68
方前镇	1.51	1.42	1.54	1.73	1.55
高二乡	0	0	1.71	1.7	1.71

（续表）

乡镇名称	二级	三级	四级	五级	平均
胡宅乡	0	0	1.45	1.51	1.48
尖山镇	0	1.76	1.45	1.56	1.59
九和乡	0	1.54	1.34	1.18	1.35
冷水镇	1.74	1.39	1.31	0	1.48
盘峰乡	0	0	1.56	1.45	1.51
仁川镇	1.38	1.49	1.64	1.42	1.48
尚湖镇	0	1.62	1.59	1.46	1.56
深泽乡	0	1.28	1.29	1.17	1.25
双峰乡	0	1.54	1.58	1.39	1.50
双溪乡	0	1.22	1.21	0.84	1.09
万苍乡	0	1.31	1.4	1.41	1.37
维新乡	0	1.37	1.73	1.43	1.51
新渥镇	1.45	1.29	1.32	0	1.35
窈川乡	0	1.59	1.36	1.56	1.50
玉山镇	0	1.75	1.55	1.47	1.59

（三）有效磷

磐安土壤有效磷充足，从有效磷不同含量比例看出，2/3 以上的土壤有效磷>50mg/kg，有效磷<20mg/kg 的不到 10%，耕地比园地含量更高（表4-10）。

表4-10 有效磷不同含量比例

有效磷（mg/kg）	面积（亩）	百分比（%）	地力指数平均值	一等田（亩）	百分比（%）	二等田（亩）	百分比（%）	三等田（亩）	百分比（%）
				耕地+园地					
>50	126 763	68.9	0.655	83	0.1	111 945	88.3	14 735	11.6
35~50	21 882	11.9	0.658	1	0	20 030	91.5	1 851	8.5
25~35	16 817	9.1	0.652	25	0.2	13 786	82	3 006	17.9
18~25	10 523	5.7	0.643	18	0.2	8 504	80.8	2 001	19
12~18	5 433	3	0.621			3 275	60.3	2 158	39.7
7~12	2 259	1.2	0.606			846	37.4	1 414	62.6
≤7	395	0.2	0.597			152	38.3	244	61.7
合计	184 073			128	0.1	158 537	86.1	25 408	13.8

（续表）

有效磷 （mg/kg）	面积 （亩）	百分比 （%）	地力指 数平均值	一等田 （亩）	百分比 （%）	二等田 （亩）	百分比 （%）	三等田 （亩）	百分比 （%）
				耕地					
>50	72 790	69.4	0.655	80	0.1	63 438	87.2	9 272	12.7
35~50	12 096	11.5	0.659	1	0	10 976	90.7	1 119	9.3
25~35	9 690	9.2	0.654	25	0.3	8 384	86.5	1 280	13.2
18~25	5 346	5.1	0.645	18	0.3	4 349	81.4	979	18.3
12~18	3 218	3.1	0.626			2 214	68.8	1 004	31.2
7~10	1 530	1.5	0.611			602	39.3	929	60.7
≤7	269	0.3	0.604			118	43.9	151	56.1
合计	104 939			124	0.1	90 081	85.8	14 734	14
				园地					
>50	53 973	68.2	0.653	3	0	48 507	89.9	5 463	10.1
35~50	9 786	12.4	0.656			9 054	92.5	733	7.5
25~35	7 127	9	0.65			5 402	75.8	1 725	24.2
18~25	5 177	6.5	0.64			4 155	80.3	1 022	19.7
12~18	2214	2.8	0.612			1 061	47.9	1 153	52.1
7~12	729	0.9	0.595			244	33.5	485	66.5
≤7	126	0.2	0.577			33	26.5	93	73.5
合计	79 133			3	0	68456	86.5	10674	13.5

　　不同土壤有效磷含量以紫色土最高，平均含量为 139.92mg/kg，主要与其成土母质有关，其次黄壤为 133.71mg/kg（表4-11），而水稻土、潮土较低，水田相对易流失有关。

表4-11　各等级耕地不同土壤有效磷含量对比　　　　单位：mg/kg

土壤类型	二级	三级	四级	五级	平均
潮土	0	95.3	84.26	0	89.78
红壤	108.37	109.27	88.51	71.83	94.50
黄壤	0	166.9	122.59	111.65	133.71
水稻土	129.01	96.93	72.46	61	89.85
紫色土	0	131.55	148.29	0	139.92

　　不同质地的土壤有效磷以壤土高，黏土低，粉粒比例高的含量低，因此黏土、黏壤土、粉黏壤土等含量低；而壤土、砂黏壤土、砂壤土相对高，这与黏

土酸性强易被固定有关（表4-12）。

表4-12　各等级耕地不同质地有效磷含量对比　　　　单位：mg/kg

耕层质地	二级	三级	四级	五级	平均
黏壤土	27.91	49.57	66.69	16.33	40.13
壤土	174.56	121.42	104.7	94.08	123.69
砂黏壤土	0	274.69	62.93	96.1	144.57
砂壤土	111.91	107.23	107.84	66.67	98.41
粉黏壤土	0	42.39	43.24	22.51	36.05
粉壤土	293.52	157.45	106.97	81.26	159.80
黏土	0	0	36.84	52.14	44.49

不同乡镇土壤有效磷对比，总体西南高，东北低，即冷水、双峰、仁川、盘峰、双溪、窈川等西南乡镇高，而万苍、玉山、胡宅、尖山等东北乡镇较低，这主要与成土母质、土壤类型有关，东北区为玄武岩分化形成，黏土类为主，西南区为凝灰岩、紫色岩分化形成，壤土类为主，深泽部分区域为大泥田，含量也较低（表4-13）。

表4-13　各等级耕地不同乡镇有效磷含量对比　　　　单位：mg/kg

乡镇名称	二级	三级	四级	五级	平均
安文镇	0	145.96	136.46	100.34	127.59
大盘镇	0	81.38	106.65	97.25	95.09
方前镇	27.91	58.09	85.25	156.77	82.01
高二乡	0	0	149.99	124.06	137.03
胡宅乡	0	0	69.4	35.31	52.36
尖山镇	0	36.33	39.58	9.99	28.63
九和乡	0	98.54	83.19	67.66	83.13
冷水镇	293.52	151.74	83.41	0	176.22
盘峰乡	0	0	139.35	143.24	141.30
仁川镇	150.69	187.18	179.09	129.36	161.58
尚湖镇	0	111.74	94.74	85.21	97.23
深泽乡	0	41.4	87.92	60.63	63.32
双峰乡	0	82.93	110.26	146.18	113.12
双溪乡	0	96.42	148.4	126.5	123.77
万苍乡	0	35.98	62.51	72.72	57.07
维新乡	0	117.31	160.92	82.5	120.24

（续表）

乡镇名称	二级	三级	四级	五级	平均
新渥镇	140.75	116.06	72.9	0	109.90
窈川乡	0	236.71	147.24	101.38	161.78
玉山镇	0	38.76	52.38	46.53	45.89

（四）速效钾

磐安土壤速效钾含量总体中等，含量在 100mg/kg 的占 58.5%，含量丰富>150mg/kg 仅占 10.5%（表 4-14），磐安农民复合肥使用量较大，钾有一定的投入，但还是不足，一方面钾价格相对较高，另一方面农民认为增产效果没有氮、磷明显，因此单质的氯化钾、硫酸钾销售也不多。

表 4-14　速效钾养分变化

速效钾（mg/kg）	面积（亩）	百分比（%）	地力指数平均值	一等田（亩）	百分比（%）	二等田（亩）	百分比（%）	三等田（亩）	百分比（%）
>150	19 274	10.5	0.672	67	0.3	19 109	99.1	98	0.5
100~150	57 183	31.1	0.665	35	0.1	55 622	97.3	1 526	2.7
80~100	46 961	25.5	0.647	26	0.1	39 474	84.1	7 461	15.9
50~80	56 648	30.8	0.642			42 517	75.1	14 131	24.9
≤50	4 007	2.2	0.606			1 815	45.3	2 191	54.7
合计	184 073			128	0.1	158 537	86.1	25 408	13.8

不同土壤类型速效钾含量均在 100mg/kg 左右，比较平衡，潮土相对稍低，与其易流失有关（表 4-15）。

表 4-15　各等级耕地不同土壤速效钾含量对比　　　　单位：mg/kg

土壤类型	二级	三级	四级	五级	平均
红壤	126.95	109.72	103.9	75.76	104.08
黄壤	0	121.25	108.11	82.53	103.96
水稻土	120.44	117.95	93.24	71.4	100.76
紫色土	0	114.15	106.89	0	110.52
潮土	0	95.74	88.17	0	91.96

不同质地的速效钾含量以壤土、粉壤土类高，为 120mg/kg，比黏土、黏壤

土类高20%左右（表4-16）。

表4-16 各等级耕地不同质地速效钾含量对比 单位：mg/kg

耕层质地	二级	三级	四级	五级	平均
黏壤土	98.35	83.97	78.2	66.25	81.69
壤土	151.23	115.17	105.5	78.41	112.58
砂黏壤土	0	111.62	102.97	72.23	95.61
砂壤土	106.28	112.49	97.88	62.6	94.81
粉黏壤土	0	108.09	125.21	78.55	103.95
粉壤土	185.98	133.94	105.25	84.95	127.53
黏土	0	0	86.57	74.39	80.48

从不同乡镇来看，以冷水、新渥、仁川、双峰、安文等一带较高，多在100mg/kg以上，主要该区域以种药材和西瓜较多，农民施钾量较高（表4-17）。而方前、玉山等乡镇的水田种粮食、茭白为主，两区域相对用钾量少。

表4-17 各等级耕地不同乡镇速效钾含量对比 单位：mg/kg

乡镇名称	二级	三级	四级	五级	平均
安文镇	0	137.28	133.93	120.54	130.58
大盘镇	0	88.79	83.75	99.72	90.75
方前镇	98.35	77.01	87.02	79.67	85.51
高二乡	0	0	103.16	78.27	90.72
胡宅乡	0	0	108.71	66.79	87.75
尖山镇	0	102.37	107.89	103.27	104.51
九和乡	0	81.04	113.33	94.63	96.33
冷水镇	185.98	125.4	89.8	0	133.73
盘峰乡	0	0	89.9	93.15	91.53
仁川镇	150.2	132.31	131.54	86.09	125.04
尚湖镇	0	130.65	80.24	62.95	91.28
深泽乡	0	81.88	78.03	88.05	82.65
双峰乡	0	106.51	102.05	90.19	99.58
双溪乡	0	107.24	149.7	98.54	118.49
万苍乡	0	106.06	98.22	80	94.76

（续表）

乡镇名称	二级	三级	四级	五级	平均
维新乡	0	86.21	140.86	108.32	111.80
新渥镇	121.61	117.88	96.23	0	111.91
窈川乡	0	194.47	155.1	91.83	147.13
玉山镇	0	86.16	81.61	70.65	79.47

三、磐安县土壤养分时空演变状况

磐安县 1983 年第二次土壤普查到 2009 年耕地地力调查，20 多年土壤养分时空演变，五项主要指标，有机质、全氮、有效磷、速效钾全面提高，仅 pH 值下降（表 4-18）。主要原因是投入肥料大幅度增长，施入纯量从 1983 的 24.7kg/亩，到 2009 年 35.2kg/亩，从平均数据来看，有效磷提高最大，达 584%，其次速效钾 46.4%，有机质和全氮仅 12.1% 和 8.6%。有机质第二次土壤普查时，各土类间高低很不均匀，而本次调查时各土类均达 20g/kg 以上，趋向平衡，主要得益于低产田改良措施推广，种植绿肥、秸秆还田、农家肥施用、增施商品有机肥、氮肥施用等对提高土壤有机质都有一定效果。有效磷提高最大，主要由于农民对施磷普遍重视，磷肥打底、磷肥拌种，每季作物都要施用磷肥，加上磷肥价格便宜，如新渥一带药农，即使施复合肥也要施用磷肥，因此，磷用量往往超标，另外，磷不易流失，造成富集。而钾主要灰肥、复合肥投入为主，因此有效养分也提升。而 pH 值无论水田还是旱地，1983 年，普查时土壤 pH 值 5.5~6.5 占 80% 以上。

表 4-18　第二次土壤普查与本次调查主要养分演变

调查时间	类型	有机质（g/kg）	全氮（g/kg）	有效磷（mg/kg）	速效钾（mg/kg）	pH
第二次土壤普查（1983 年）	水田	26.70	1.53	15.00	65.00	4.5~6.5
	旱地	19.90	1.14	28.00	150.60	4.5~7.5
	平均	24.85	1.39	16.6	91.5	4.2~7.5
本次调查（2009 年）	水田	28.48	1.56	85.3	116.8	3.6~7.2
	旱地	27.23	1.46	142.1	151.2	3.6~6.5
	平均	27.86	1.51	113.7	134	3.6~7.2
增减（%）		12.1	8.6	584.0	46.4	

第二节　土壤微量元素及丰缺评价

一、土壤微量元素的总量与有效态

本次调查共分析土壤有益微量元素样品 219 个，分析测定了硼、钼、铜、锌、铁、锰的有效态。不同土壤中元素的有效态列于表 4-19。

表 4-19　调查区土壤有益微量元素有效态的平均含量

土壤	B（硼）	Mo（钼）	Cu（铜）	Zn（锌）	Fe（铁）	Mn（锰）
粗骨土	0.162	0.192	1.74	5.24	144.5	89.4
红壤	0.145	0.223	1.82	4.70	110.5	201.8
黄壤	0.102	0.135	1.09	2.92	137.6	82.9
紫色土	0.121	0.432	1.48	3.39	153.5	149.4
水稻土	0.134	0.241	2.07	4.36	137.2	188.3
总计平均值	0.138	0.238	1.83	4.42	123.5	185.1

注：Fe 含量为%，其余均为 mg/kg

二、土壤微量元素的丰缺评价

依据土壤微量元素养分的分级标准，对磐安县内土壤微量元素进行丰缺评价，评价结果列于表 4-20。

统计表明，本县土壤普遍缺硼，缺乏程度达 77.6%，其次是钼，缺乏程度为 42.5%，铜和锌的含量水平在丰富、极丰富程度，土壤中的铁和锰处于极丰富水平。

图 4-1，彩版见后是钼的评价图，通过图可以直观地看到，钼在本县土壤中主要处于缺乏水平。

表 4-20　调查区土壤微量元素有效态分级评价结果

元素	丰富		适中		缺乏	
	面积（亩）	比例（%）	面积（亩）	比例（%）	面积（亩）	比例（%）
有效硼	0	0.00	0	0.0	21 900	100.0
有效钼	8 100	36.99	3 500	16.0	10 300	47.0
有效铜	13 900	63.47	7 900	36.1	100	0.5
有效锌	21 800	99.54	100	0.5	0	0.0
有效铁	21 400	97.72	500	2.3	0	0.0
有效锰	21 700	99.09	200	0.9	0	0.0

图4-1　调查区土壤有效钼丰缺评价现状

第三节　土壤养分缺素分区

依据土壤养分分级标准五级、六级含量的限制值，结合实测点的集中分布情况，进行缺素区的圈定，共圈出7个具有一定范围的缺素区（图4-2，彩版见后，表4-21）。

表4-21　调查区土壤缺素区一览表

名称	编号	面积（hm²）	主要土壤类型	土壤利用
钼缺乏区	1	773	红壤	旱地、茶园、林地
钼缺乏区	2	1 034	红壤、黄壤、紫色土	水田、林地
氮缺乏区	3	2 034	红壤	旱地、林地
有机质乏区	4	1 928	红壤、紫色土、水稻土	旱地、林地

由图4-2，表4-21中可知，除硼外，土壤中钼的缺乏也比较突出，主要出现在胡宅塘田到岭西一带和尚湖镇黄岩前到山宅一带；深泽乡的森屋到田口，麻车下到后力氮缺乏；新渥镇双溪到上亨堂有机质缺乏。

图4-2　调查区土壤缺素区分布

土壤中的营养元素的有效态不同于元素的总量，有效态是可以为作物直接利用的部分，所以，缺素区的出现表明在当前生产条件下土壤中某些有益组分的不足或潜在的不足。这一调查评价结果对于农业区划和指导"配方施肥"工作具有实际生产意义。

第四节　土壤富硒分布

一、土壤硒含量特征

富硒土壤是指富含硒（Se）元素的土壤，富硒土壤是生产富硒农产品的物质基础，是一类特殊的地质资源和宝贵的土地资源。

调查以每平方千米4个点的密度采集耕层或表层土壤样品，共采样778个，主要分析土壤总硒的含量。调查表明，本县土壤中的硒平均含量为0.22mg/kg，其中，水稻土平均含硒0.21mg/kg、红壤0.23mg/kg、黄壤0.22mg/kg、紫色土0.19mg/kg、粗骨土0.17mg/kg，这一含量处于低硒水平，但由于地质作用的差异性，局部可出现硒的富集现象（图4-3，彩版见后）。

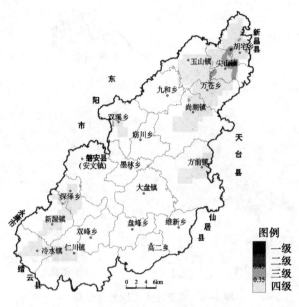

图4-3　调查区土壤硒含量分布

从图4-3调查区土壤硒的含量分布图可以直观地看出，调查区土壤硒普遍为低硒水平。尖山—胡宅出现富硒区，此处是磐安现代农业园区所在地，土地利用方式也以茶园、旱地、水田、林地为主，开发利用潜力较大。

二、富硒区圈定

（一）土壤硒的含量分级

参照有关文献资料，将处于富硒水平的样品，划分为3个含量等级，即一级含量（＞0.55mg/kg）、二级含量（0.45～0.55mg/kg）、三级含量（0.35～0.45mg/kg）、四级含量（＜0.35mg/kg）。含量的分级是圈定富硒土壤、进行富硒土壤资源评价的重要依据。

（二）富硒土壤圈定

依据土壤硒的含量分级及各级全县的分布情况，结合地质背景进行富硒土壤范围的圈定。本县共圈出2处富硒土壤区（图4-4，彩版见后，表4-22），总面积2 875hm²，主要分布于磐安北部玉山台地的玉山东部和尖山。

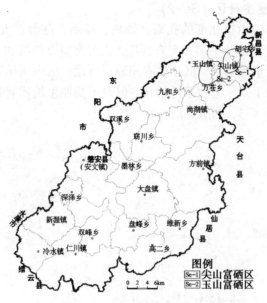

图4-4　调查区土壤富硒区分布

表4-22　调查区富硒土壤一览表

名　　称	尖山富硒区	玉山富硒区
编号	Se-1	Se-2
面积（hm²）	1 609	1 266
富硒样品数比例（%）	46.2	19.0
Se 均值（mg/kg）	0.38	0.30
土壤类型	红壤、黄壤	红壤
土地利用	茶园、水田、旱地、林地	水田、旱地、林地

三、土壤富硒区基本情况

（一）尖山富硒土壤区（Se-1）

该富硒区位于玉山镇东南部的大山头、里光洋、火炉岭、管头及胡宅横路一带，面积1 609hm²。区内地形低丘为主，夹有河谷平原，土壤类型以红壤和黄壤山地土壤为主，平坦地区多以水田为主，地球多有园地、林地。区内土壤除有机质、硼缺乏外，其余养分均不缺，肥力条件较好，但由于受原生地质背景的影响，土壤环境多为三类。

（二）玉山富硒土壤区（Se-2）

该富硒区位于尖山镇北部的孔畈、妙塘、马塘、陈界、五丈岩水库一带，面积1 266hm²。区内地势平坦，夹有低丘，土壤类型以红壤和黄壤山地土壤为主，平坦地区多以水田为主，低丘多有园地、林地。区内土壤除有机质、硼缺乏外，其余养分均不缺，肥力条件较好，但由于受原生地质背景的影响，土壤环境多为三类（图4-5，彩版见后）。

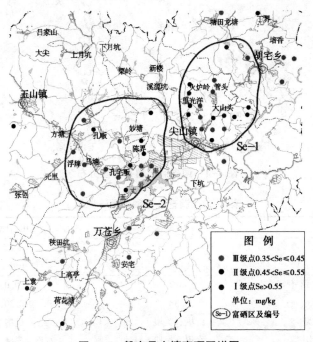

图 4-5　磐安县土壤富硒区详图

（三）富硒区农产品

根据《食品中污染物限量》（GB 2762—2012）和《粮食（含谷物、豆类、薯类）及制品中铅、镉、铬、汞、硒、砷、铜、锌等八种元素限量》（NY 861—2004）中农产品中重金属元素的限量标准（表4-23），可以看出，磐安县富硒区Se-1中稻谷PASD8铜元素超标，其他稻谷样品未出现重金属超标现象（表4-24），富硒区茶叶重金属均未超标（表4-25），说明富硒区稻谷和茶叶等农产品较安全。

表 4-23　稻谷和茶叶重金属元素限量标准　　　　单位：mg/kg

元素	Cd	Hg	无机 As	Pb	Cr	Cu	Zn
稻谷	0.2	0.02	0.2	0.2	1.0	10	50
茶叶	—	—	—	5.0	—	—	—
中国茶叶出口标准	0.05	0.3	2	5			

表 4-24　富硒区稻谷元素含量特征　　　　单位：mg/kg

富硒区编号	样号	Cd	Hg	无机 As	Pb	Cr	Ni	Cu	Zn	Se
Se-1	PASD4	0.040	0.003	0.085	0.05	0.10	0.25	4.78	25.49	0.049
	PASD5	0.036	0.003	0.079	0.05	0.11	0.53	5.25	27.43	0.054
	PASD6	0.147	0.003	0.074	0.06	0.10	1.10	8.06	30.56	0.071
	PASD8	0.061	0.002	0.071	0.06	0.10	0.58	11.03	33.57	0.039
	均值	0.071	0.003	0.077	0.056	0.102	0.62	7.28	29.26	0.053
Se-2	PASD1	0.011	0.003	0.089	0.04	0.09	0.18	3.59	21.95	0.073
	PASD2	0.014	0.002	0.087	0.04	0.10	0.23	3.90	22.13	0.045
	PASD3	0.040	0.003	0.129	0.07	0.11	0.18	4.43	23.33	0.046
	均值	0.022	0.003	0.101	0.051	0.099	0.197	3.97	22.47	0.055

表 4-25　富硒区茶叶元素含量特征　　　　单位：mg/kg

富硒区编号	样号	Cd	Hg	无机 As	Pb	Cr	Ni	Cu	Zn	Se
Se-1	PACY13	0.0231	0.0063	0.035	0.87	1.30	19.99	15.92	52.74	0.055
	PACY15	0.0440	0.0070	0.020	1.29	0.70	13.94	18.08	46.20	0.062
Se-2	PACY07	0.0162	0.0059	0.015	0.55	0.49	10.12	13.56	51.15	0.072
	PACY14	0.0168	0.0052	0.014	0.70	0.42	5.48	12.24	55.35	0.041

　　根据《国家稻谷富硒标准》（GB/T 22499—2008）（Se≥0.04mg/kg）和《富硒食品硒含量分类标准》（DB36/T 566—2009）中茶叶的富硒标准，富硒区 Se-1 的 5 件稻谷，4 件富硒，1 件 Se 含量 0.039mg/kg，稍低于标准。富硒率达到 80%。富硒区 Se-2 的 4 件稻谷，全部达到富硒标准。富硒率达到 100%。富硒区茶叶均未达到富硒标准。

　　值得注意的是，富硒周边采集的稻谷样品也达到富硒标准，所以可以通过土壤详查及农产品详查的方式进一步明确富硒区的位置和面积。

第五节　土壤酸碱性

一、土壤酸碱性总体情况

磐安土壤总体偏酸性，pH 值≤4.5 的占 16%，pH 值 4.5~5.5 的占 81.5%，pH 值≥5.5 较适宜的仅占 2.5%（表 4-26）。偏酸性主要原因一是与土壤特性有关，全县 80% 以上土壤是红黄壤，其成土过程受高温多雨、干湿交替的作用，原生矿物发生强烈分化，硅、钾、钠、钙、镁等盐基遭到淋洗，铁铝积累，pH 值下降，导致酸性；二是近些年化肥施用较多，导致土壤酸化、板结，而本次调查时 pH 值 4.5~5.5 升到 80% 以上，平均下降 1 个单位，这与原为施用有机肥为主转为施用化肥为主密切相关（见表 4-18）。

表 4-26　磐安土壤 pH 值分段情况

pH 值	面积（亩）	百分比（%）	地力指数平均值	一等田（亩）	百分比（%）	二等田（亩）	百分比（%）	三等田（亩）	百分比（%）
6.5~7.5	102	0.1	0.686			102	100		
5.5~6.5	4 457	2.4	0.709	21	0.5	4 371	98.1	64	1.4
7.5~8.5	5	0	0.66			5	100		
4.5~5.5	150 109	81.5	0.659	106	0.1	136 019	90.6	13 983	9.3
≤4.5	29 400	16	0.609			18 039	61.4	11 361	38.6
>8.5									
合计	184 073			128	0.1	158 537	86.1	25 408	13.8

二、不同土壤类型 pH 值对比

潮土变异幅度最小，pH 值 4.8~5.6，其次为紫色土，pH 值 4.4~5.5，水稻土、红壤 pH 值变异幅度大，pH 值为 3.6~7.6，主要由于这两类土利用率高，农户施肥情况不同，有的农户采取种植绿肥、秸秆还田、施有机肥等改良措施，土壤性状变好，有的农户偏施化肥导致进一步酸化，有的大棚栽培，多年后土壤盐分上升，导致盐碱化（表 4-27）。

表 4-27　各等级耕地不同土壤 pH 值含量对比

土壤类型	二级	三级	四级	五级
潮土	0	5.6	4.8~5.5	0
红壤	4.7~5.7	3.8~6.5	3.6~7.6	3.7~5.5
黄壤	0	4.3~5.8	4~5.8	3.9~5.7
水稻土	4.7~5.5	3.8~6	3.6~7.2	3.9~5.6
紫色土	0	4.7~5.3	4.4~5.5	0

三、不同质地 pH 值对比

黏土类 pH 值变异幅度小，其次为黏壤土类，壤土类变异幅度大，与土壤性质、施肥状况相关（表 4-28）。

表 4-28　各等级耕地不同质地 pH 值含量对比

耕层质地	二级	三级	四级	五级
黏壤土	5.5~5.7	4.5~5.9	4.5~6	5.2~5.6
壤土	4.8~5.6	3.8~6	3.6~6.8	3.9~5.7
砂黏壤土	0	5~5.8	4~5.3	4~5.6
砂壤土	5.2	3.9~6.5	3.7~7.6	4.4~5.1
粉黏壤土	0	4.6~4.7	4~5.2	3.7~4.8
粉壤土	4.7	4.6~6	3.8~6.3	4~5.4
黏土	0	0	5~6	5.1~5.5

四、各乡镇土壤 pH 值对比

安文到冷水一带和尚湖到玉山一带变异幅度小（表 4-29），前者冬季种植贝母，90%以上的田块要秸秆覆盖，秸秆还田率高，后者连片种植茭白，秸秆还田数量大，利于 pH 值趋向中性。

表 4-29 各等级耕地不同乡镇 pH 值含量对比

乡镇名称	二级	三级	四级	五级
安文镇	0	4.2~5.8	4.3~6.8	4.5~5.5
大盘镇	0	4.7~5.1	4.5~6	4.3~5.7
方前镇	5.5~5.7	4.4~5.9	3.6~5.8	4.3~5.6
高二乡	0	0	4.1~5.2	3.9~5.2
胡宅乡	0	0	4~4.8	3.7~5
尖山镇	0	4.6~5	4.2~5.6	4.4~5
九和乡	0	5.6	3.8~5.5	4~4.8
冷水镇	4.7	4.5~6	4.8~5.4	0
盘峰乡	0	0	3.9~5	4~4.6
仁川镇	5.6	4.7~5.8	4~5.9	4.5~5.1
尚湖镇	0	4.6~5.7	4.4~6.1	4.3~5.1
深泽乡	0	4.6~5.9	4.3~6	4.8
双峰乡	0	3.8~5.8	3.6~5.5	4.5
双溪乡	0	3.9~6.5	4.3~5.8	4.3
万苍乡	0	4.9~5.6	4.3~7.6	4.7~5.4
维新乡	0	4.6~6	4.2~5.5	4.5~5.3
新渥镇	4.8~5.2	4.5~5.7	4~5.7	0
窈川乡	0	4.6~5.8	4.5~6.3	4.7
玉山镇	0	4.8~5.8	4.1~5.7	4.3~5.6

五、pH 值与有效磷关联性

以面积最大的四级土为例，有效磷以 pH 值在 6.5~7.5 最高，酸性强的有效性低，pH 值>7.5 样品很少，因此没列入比较（表 4-30）。

表 4-30 pH 与有效磷变化效应

pH 值	有效磷（mg/kg）		平均值（mg/kg）	标准差	变异系数
	最小值	最大值			
6.5~7.5	130.73	155.76	142.52	9.09	0.06
5.5~6.5	1.31	234.13	89.77	53.77	0.6
4.5~5.5	3.07	469.99	93.36	62.12	0.67
≤4.5	10.79	425.21	106.12	68.53	0.65

第六节　土壤阳离子交换量

一、土壤阳离子交换量总体情况

磐安土壤阳离子交换量普遍较低，以 10~15cmol/100g 土为主占 76.7%，其次 15~20cmol/100g 土占 20.5%（表4-31）。

表4-31　阳离子交换量各指标比例

阳离子交换量（cmol/100g 土）	面积（亩）	百分比（%）	一等田（亩）	百分比（%）	二等田（亩）	百分比（%）	三等田（亩）	百分比（%）
>20	4 336	2.4			4 239	97.8	97	2.2
15~20	37 813	20.5	83	0.2	34 617	91.5	3114	8.2
10~15	141 195	76.7	45	0	119 054	84.3	22 097	15.6
5~10	728	0.4			628	86.3	100	13.7
≤5								
合计	184 073		128	0.1	158 537	86.1	25 408	13.8

二、不同土壤阳离子交换量对比

以三级为例，以黄壤、水稻土高，基本上与有机质含量成正比，有机质含量高的阳离子交换量也高，如水稻土比红壤。不同质地来比较，以黏土高平均为 17.86cmol/100g 土，砂土、砂黏壤土低平均 13~15.4cmol/100g 土（表4-32）。

表4-32　各等级耕地不同土壤阳离子交换量含量对比

单位：cmol/100g 土

县土类	阳离子交换量		平均值	标准差	变异系数
	最小值	最大值			
红壤	9.4	23.6	13.12	2.16	0.16
黄壤	10.46	24.75	13.8	2.86	0.21
水稻土	9.19	25.43	13.67	2.43	0.18
紫色土	9.15	20.07	13.33	2.14	0.14
潮土	8.37	18.5	13.43	1.89	0.15

三、不同质地阳离子交换量对比（表4-33）

表4-33　各等级耕地不同质地阳离子交换量含量对比

单位：cmol/100g 土

耕层质地	二级	三级	四级	五级	平均
黏壤土	13.34	13.94	14.42	12.55	13.56
壤土	14.76	13.44	13.72	12.67	13.65
砂黏壤土	0	11.71	14.08	13.29	13.03
砂壤土	16.09	12.97	14.45	14.83	14.59
粉黏壤土	0	16.32	15.1	14.99	15.47
粉壤土	18.74	13.47	14	13.45	14.92
黏土	0		16.84	18.48	17.66

四、分乡镇阳离子交换量对比

东、西两端低海拔的方前、双溪较低，一是与其成土母质为溪流冲积物，质地为砂壤土，保水保肥稍差有关，二是温光资源相对充足，有机质分解转化快。南部丘陵与中部山区阳离子交换量为较高，如大盘为 16.8cmol/100g 土、新渥为 15.3cmol/100g 土，东北台地为中等，如尚湖、万苍、尖山、胡宅均为 14cmol/100g 土左右（表4-34）。

表4-34　各等级耕地不同乡镇阳离子交换量含量对比

单位：cmol/100g 土

乡镇名称	二级	三级	四级	五级	平均
安文镇	0	15.38	15.49	13.48	14.78
大盘镇	0	17.62	16.88	15.93	16.81
方前镇	13.34	11.51	12.12	12.19	12.29
高二乡	0	0	14.44	13.72	14.08
胡宅乡	0	0	13.96	14.6	14.28
尖山镇	0	14.11	15.12	14.56	14.60
九和乡	0	11.17	13.18	13.35	12.57
冷水镇	18.74	12.62	12.57	0	14.64
盘峰乡	0	0	14.05	13.44	13.75

（续表）

乡镇名称	二级	三级	四级	五级	平均
仁川镇	13.11	12.72	12.64	12.74	12.80
尚湖镇	0	15.55	14.07	14.01	14.54
深泽乡	0	18.51	16.71	13.6	16.27
双峰乡	0	12.78	12.9	13.08	12.92
双溪乡	0	13.22	13.24	12.93	13.13
万苍乡	0	13.89	13.68	12.7	13.42
维新乡	0	15.79	14.12	13.49	14.47
新渥镇	16.19	13.78	15.96	0	15.31
窈川乡	0	12.95	12.5	12.96	12.80
玉山镇	0	13.65	12.96	11.98	12.86

第七节　土壤容重

一、土壤容重总体情况

磐安土壤容重分级情况看，总体较好，容重 $0.9 \sim 1.1 g/cm^3$ 占 2/3，较紧实的占 1/3（表4-35）。

表4-35　磐安土壤容重分级比例　　　　　单位：g/cm^3

容重	地块数	百分比	面积	百分比
0.9~1.1	16 428	65.4	125 106	68
≤0.9	525	2.1	4 994	2.7
1.1~1.3	8 117	32.3	53 757	29.2
>1.3	64	0.3	215	0.1
合计	25 134		184 073	

二、不同土壤类型容重情况

以潮土、红壤土稍高，水稻土、紫色土为低（表4-36）。

表 4-36　各等级耕地不同土壤容重含量对比　　　　　单位：g/cm³

县土类	容重				
	最小值	最大值	平均值	标准差	变异系数
潮土	1.08	1.25	1.1	0.02	0.02
红壤	0.98	1.32	1.1	0.05	0.04
黄壤	0.88	1.26	1.09	0.06	0.05
水稻土	0.93	1.30	1.08	0.06	0.05
紫色土	1.02	1.27	1.07	0.04	0.03

三、不同质地容重对比

容重以黏土、黏壤土高>1.1g/cm³，壤土低<1.1g/cm³（表4-37）。

表 4-37　各等级耕地不同质地容重含量对比　　　　　单位：g/cm³

耕层质地	二级	三级	四级	五级	平均
黏壤土	1.18	1.07	1.04	1.19	1.12
壤土	1.02	1.07	1.08	1.13	1.08
砂黏壤土	0	1.07	1.09	1.14	1.10
砂壤土	0.97	1.08	1.09	1.08	1.06
粉黏壤土	0	1.09	1.08	1.09	1.09
粉壤土	1.06	1.03	1.07	1.09	1.08
黏土		0	1.12	1.11	1.12

四、各乡镇土壤容重

以盘山区域的盘峰、维新、高二、方前较高，主要其耕地为山地或溪滩地，质地为砂壤土，砾石多或砂粒含量高，而安文区域新渥、冷水、仁川较低，其质地以壤土为主（表4-38）。

表 4-38　各等级耕地不同乡镇容重含量对比　　　　　单位：g/cm³

乡镇名称	二级	三级	四级	五级	平均
安文镇	0	1.02	1.05	1.02	1.03
大盘镇	0	1.05	1.06	1.1	1.07
方前镇	1.18	1.19	1.17	1.21	1.19

（续表）

乡镇名称	二级	三级	四级	五级	平均
高二乡	0	0	1.1	1.1	1.10
胡宅乡	0	0	1.07	1.08	1.08
尖山镇	0	1.07	1.09	1.09	1.08
九和乡	0	1.04	1.07	1.06	1.06
冷水镇	1.06	1.06	1.06	0	1.06
盘峰乡	0	0	1.09	1.12	1.11
仁川镇	1.05	1.03	1.05	1.13	1.07
尚湖镇	0	1.1	1.11	1.08	1.10
深泽乡	0	0.83	0.91	0.95	0.90
双峰乡	0	1.15	1.13	1.15	1.14
双溪乡	0	1.05	1.05	1.05	1.05
万苍乡	0	1.08	1.11	1.13	1.11
维新乡	0	1.08	1.12	1.12	1.11
新渥镇	0.98	1.04	0.96	0	0.99
窈川乡	0	1.09	1.09	1.11	1.10
玉山镇	0	1.03	1.09	1.14	1.09

第五章

耕地地力评价

第一节　耕地地力评价概况

一、耕地地力分等级面积

根据《浙江省省级耕地地力分等定级技术规程》，将耕地地力分成三等六级，通过前期野外调查和室内土壤养分分析，将 14 项地力评价指标输入数据库，由计算机自动计算各地块的地力等级，最终形成了磐安县耕地地力各等级面积（分级面积以 2009 年统计报告为准进行平差，下同）：一等田 128 亩，占 0.1%，二等田面积 15.85 万亩，占 86.1%，三等田 2.54 万亩，占 13.8%，以二等田为主。耕地同园地比，耕地地力好，一是一等田集中在耕地，二是二等田中三级田比例高，耕地三级田占二等田中 23.3%，而园地三级田仅占二等田 13.9%（见表 5-1）。

表 5-1　耕地地力分级汇总

			地块总数	所占比例（%）	总面积（亩）	所占比例（%）
			耕地+园地			
合计			25 134	100	184 073	100
一等田			24	0.1	128	0.1
其中		一级	0	0	0	0
		二级	24	0.1	128	0.1
二等田			21 420	85.2	158 537	86.1
其中		三级	5 382	21.4	35 434	19.3
		四级	16 038	63.8	123 103	66.9
三等田			3 690	14.7	25 408	13.8
其中		五级	3 690	14.7	25 408	13.8
		六级	0	0	0	0
			耕地			
合计			19 364	100	104 939	100
一等田			23	0.1	124	0.1
其中		一级	0	0	0	0
		二级	23	0.1	124	0.1
二等田			16 404	84.7	90 081	85.8
其中		三级	4 436	22.9	24 450	23.3
		四级	11 968	61.8	65 631	62.5
三等田			2 937	15.2	14 734	14
其中		五级	2 937	15.2	14 734	14
		六级	0	0	0	0

（续表）

			地块总数	所占比例（%）	总面积（亩）	所占比例（%）
		园地				
合计			5 770	100	79 133	100
一等田			1	0	3	0
其中		一级	0	0	0	0
		二级	1	0	3	0
二等田			5 016	86.9	68 456	86.5
其中		三级	946	16.4	10 984	13.9
		四级	4 070	70.5	57 472	72.6
三等田			753	13.1	10 674	13.5
其中		五级	753	13.1	10 674	13.5
		六级	0	0	0	0

磐安县各乡镇耕地地力情况（表5-3）。

耕地地力最好乡镇为：冷水、新渥、双峰、双溪、方前等5乡镇，其中，一等田就处在冷水、新渥、方前3个乡镇，由于全县一等田少，二等田中三级田对磐安县来讲算是优等田，其比例一定程度上反映了乡镇综合地力状况，总体来看上述乡镇二等田中三级比例均在50%以上，其中，冷水、新渥在85%以上。该五个乡镇综合地力好的原因：一是立地条件好，海拔190～350m（方前部分除外），温光资源充足；二是地处沿溪两岸的畈田多，水利条件好；三是土地利用率高，前3个乡镇为药材主产区，后两个乡镇为粮食主产区，农民注重投入。

耕地地力中等乡镇有：深泽、窈川、仁川、安文、万苍、尚湖、尖山、玉山等，前4个属于安文区域，有海拔低立地条件较好、温光资源足的区块，也有海拔高水利、温光资源较差区块，后4个乡镇为玉山台地，地势平坦、土层厚、温光条件好，但海拔高，土质黏重多。

耕地地力较差的乡镇为：高二、胡宅、九和、盘峰等，均为山区乡镇，海拔高，山地多，抗旱能力不强，田块分散，温光资源较差。

不同利用方式地力等级情况（表5-4）：水田>旱地>园地，一等田主要分布水田，二等田中三级田比例水田>旱地，旱地>园地。

二、耕地地力分级土种构成

二级田的土种构成为：黄泥砂田、狭谷泥砂田、黄泥土3个土种；三级田、四级田包含所有28个土种；五级田包含19个土种（表5-5）。

表5-3　磐安县各乡镇耕地地力分级汇总

乡镇名称	地块数	百分比(%)	面积(亩)	百分比(%)	地力指数平均值	其中											
						一等田(亩)	百分比(%)	一级田(%)	二级田(%)	二等田(亩)	百分比(%)	三级田(%)	四级田(%)	三等田(亩)	百分比(%)	五级田(%)	六级田(%)
安文镇	1 473	5.9	11 000	6	0.665					10 817	98.3	18.5	79.8	184	1.7	1.7	0
大盘镇	1 212	4.8	5 837	3.2	0.632					4 950	84.8	2.9	81.9	887	15.2	15.2	0
方前镇	2 273	9	9 212	5	0.671	44	0.5	0	0.5	6 826	74.1	49.9	24.2	2 341	25.4	25.4	0
高二乡	964	3.8	8 655	4.7	0.595					3 565	41.2	0	41.2	5 090	58.8	58.8	0
胡宅乡	1 782	7.1	14 558	7.9	0.604					7 971	54.8	0	54.8	6 587	45.2	45.2	0
尖山镇	2 108	8.4	15 370	8.3	0.648					14 784	96.2	3.3	92.8	586	3.8	3.8	0
九和乡	1 205	4.8	9 569	5.2	0.616					7 800	81.5	0	81.5	1 769	18.5	18.5	0
冷水镇	768	3.1	6 198	3.4	0.738	15	0.2	0	0.2	6 184	99.8	96.8	2.9				0
盘峰乡	538	2.1	3 309	1.8	0.62					3 087	93.3	0	93.3	223	6.7	6.7	0
仁川镇	1 649	6.6	9 189	5	0.681	1	0	0	0	9 160	99.7	24	75.7	27	0.3	0.3	0
尚湖镇	2 648	10.5	24 256	13.2	0.644					22 372	92.2	3.5	88.7	1 884	7.8	7.8	0
深泽乡	674	2.7	5 561	3	0.682					5 543	99.7	31.4	68.3	18	0.3	0.3	0
双峰乡	543	2.2	2 266	1.2	0.693					2 103	92.8	56.3	36.5	164	7.2	7.2	0
双溪乡	921	3.7	8 538	4.6	0.685					8 518	99.8	51.3	48.5	20	0.2	0.2	0
万苍乡	1 402	5.6	13 515	7.3	0.651					13 360	98.8	7.4	91.5	155	1.2	1.2	0
维新乡	472	1.9	1 502	0.8	0.647					1 412	94	8.9	85	90	6	6	0
新渥镇	1 188	4.7	10 128	5.5	0.731	68	0.7	0	0.7	10 060	99.3	85.2	14.1				0
窈川乡	716	2.8	5 105	2.8	0.673					5 104	100	25.6	74.4	0	0	0	0
玉山镇	2 598	10.3	20 304	11	0.623					14 922	73.5	2.9	70.6	5 382	26.5	26.5	0
合计	25 134		184 073			128	0.1	0	0.1	158 537	86.1			25 408	13.8	13.8	0

表 5-4　磐安县不同利用方式地力等级汇总

地类名称	面积（亩）	百分比（%）	一等田（亩）	百分比（%）	其中	二等田（亩）	百分比（%）	其中		三等田（亩）	百分比（%）	其中
					二级田（%）			三级田（%）	四级田（%）			五级田（%）
茶园	61 348	33.3				53 398	87	11.2	75.8	7 950	13	13
果园	12 764	6.9	3	0	0	10 324	80.9	15.7	65.2	2 437	19.1	19.1
旱地	5 4267	29.5	18	0	0	46 988	86.6	20.9	65.7	7261	13.4	13.4
其他园地	5 022	2.7				4 734	94.3	42	52.2	288	5.7	5.7
水田	50 672	27.5	106	0.2	0.2	43 093	85	25.9	59.2	7 473	14.7	14.7
合计	184 073		128	0.1		158 537	86.1			25 408	13.8	

表 5-5　磐安县分土种地力等级汇总

县土种	面积（亩）	百分比（%）	地力指数	一等田（亩）	百分比（%）	其中	二等田（亩）	百分比（%）	其中		三等田（亩）	百分比（%）	其中
						二级田（%）			三级田（%）	四级田（%）			五级田（%）
粉红泥土	2 645	1.4	0.623				1 685	63.7	0	63.7	960	36.3	36.3
红黏田	1 275	0.7	0.596				448	35.1	0	35.1	827	64.9	64.9
红黏土	12 119	6.6	0.635				10 496	86.6	5.3	81.3	1 623	13.4	13.4
黄砾泥	3 647	2	0.645				3 295	90.3	9.7	80.6	353	9.7	9.7
黄泥砂田	16 911	9.2	0.655	52	0.3	0.3	15 326	90.6	19.3	71.3	1 534	9.1	9.1
黄泥田	4 778	2.6	0.634				3 251	68	5.7	62.4	1 527	32	32
黄泥土	69 360	37.7	0.662	54	0.1	0.1	62 377	89.9	22.3	67.6	6 930	10	10
泥砂田	378	0.2	0.685				378	100	31	69			
泥质泥砂田	2	0	0.71				2	100	100	0			
塔泥砂田	11	0	0.698				9	83.4	83.4	0	2	16.6	16.6

（续表）

县土种	面积（亩）	百分比（%）	地力指数	一等田（亩）	百分比（%）	其中二级田（%）	二等田（亩）	百分比（%）	其中三级田（%）	其中四级田（%）	三等田（亩）	百分比（%）	其中五级田（%）
山地黄泥田	836	0.5	0.603				477	57	0.2	56.8	359	43	43
山地黄泥土	29 672	16.1	0.629				23 840	80.3	4.5	75.8	5 831	19.7	19.7
山地砾石黄泥土	2 884	1.6	0.633				2 063	71.6	4.9	66.7	820	28.4	28.4
山地石砂土	6 573	3.6	0.62				4 827	73.4	1.5	72	1 746	26.6	26.6
山地香灰土	1 307	0.7	0.643				1 193	91.2	7.4	83.8	115	8.8	8.8
石砂土	19 535	10.6	0.673				17 618	90.2	40.7	49.5	1917	9.8	9.8
熟化粉红泥土	361	0.2	0.624				296	81.9	0	81.9	65	18.1	18.1
熟化红黏土	1865	1	0.642				1 554	83.3	16.1	67.2	311	16.7	16.7
熟化黄砾泥	38	0	0.709				38	100	80.2	19.8			
熟化黄黄泥土	3 807	2.1	0.673				3 575	93.9	46.2	47.7	233	6.1	6.1
熟化山地黄黄泥土	298	0.2	0.618				58	19.3	1.5	17.8	240	80.7	80.7
熟化山地香灰土	7	0	0.66				7	100	0	100			
熟化酸性紫砾土	454	0.2	0.739				454	100	89.6	10.4			
熟化夹谷泥砂土	82	0	0.679				82	100	21.1	78.9			
酸性夹谷紫砾土	1 743	0.9	0.696				1 743	100	54	46			
夹谷泥砂田	3 034	1.6	0.711	22	0.7	0.7	2 997	98.8	61.4	37.3	15	0.5	0.5
紫红泥砂田	333	0.2	0.749				333	100	100	0			
紫红砂田	115	0.1	0.667				115	100	7.3	92.7			
合计	184 073			128	0.1		158 537	86.1			25 408	13.8	

第二节　一等二级耕地地力分述

一、立地状况

一等二级耕地 128 亩，主要分布新渥 68 亩、方前 44 亩、冷水 15 亩，均为立地条件最好的沿溪畈田，主要土种为黄泥砂田、狭谷泥砂田等，海拔在 200～300m，温光资源好，年积温 5 300℃ 以上，满足三熟制种植，机耕生产路、渠道等基础设施完善，可灌可排，水利条件好，抗旱能力 70 天以上，为旱涝保收的吨粮田，是现代农业园区和粮食生产功能区的示范基地。

二、理化性状

（一）pH 值

二级耕地 pH 值在 4.7～5.7，变异幅度不大，其中，pH 值 4.5～5.5 占 83.4%，pH 值 5.5～6.5 占 17.6%，同其他级别比，相对较好，但总体偏酸性，这与成土母质和施用化肥为主有一定关系，酸化调整空间大，可通过施用白云石粉、生石灰等改良土壤。

（二）容重

二级耕地容重在 0.97～1.19g/cm³，其中 0.9～1g/cm³ 之间的占 66%，1.1～1.3 g/cm³ 之间的占 34%，且水田变异幅度大，其变异系数为 0.07，旱地变异幅度，其变异系数为 0.05，说明水田个体间管理差异相对大。容重总体处在较合适范围内，少部分偏高的田块可通过秸秆还田和增施有机肥调整。

（三）阳离子交换量

二级耕地阳离子交换量在 12.44～19.2cmol/100g 土之间，总体为中上水平，其中，10～15cmol/100g 土占 35.3%，15～20cmol/100g 土占 64.7%，水田变异系数为 0.13，旱地为 0.18（表 5-6）。

表 5-6　磐安县二级耕地理化性状变异

理化性状	最小值	最大值	平均值	标准差	变异系数
pH 值	4.7	5.7	—	0.39	0.07
容重（g/cm³）	0.97	1.19	1.12	0.08	0.07
CEC（cmol/100g 土）	12.44	19.2	15.04	2.44	0.16

三、养分状况

（一）有机质

二级耕地的有机质在 22.7~33.26g/kg 之间，平均值 27.08g/kg，其中，20~30g/kg 占 75.4%，30~40g/kg 占 24.6%，二级耕地由于种植利用率高，农民秸秆还田和有机类肥料投入相对也较多，故总体处于中上水平，不同土种比较，以黄泥田、香灰土等高，以培泥砂田、石砂土等较低。

（二）碱解氮

二级耕地的碱解氮在 127~152mg/kg 之间，平均 140.88mg/kg，属丰富水平，其中 100~150mg/kg 占 88.6%，150~200mg/kg 占 11.4%。不同土种比较，含量从高到低依次为：黄泥田>黄泥砂田>狭谷泥砂田>黄泥土。

（三）有效磷

二级耕地的有效磷在 21.8~297.4mg/kg 之间，平均 113.53mg/kg，变异幅度大，其中丰富水平的 18~25mg/kg 占 14%，25~35mg/kg 占 19.8%，35~50mg/kg 占 0.7%，极丰富水平的>50mg/kg 占 65.5%，这部分为过量，不需再施用，否则影响其他元素吸收。含量从高到低依次为：黄泥砂田>黄泥土>狭谷泥砂田。

（四）速效钾

二级耕地的速效钾在 84.8~186.3mg/kg 之间，平均 125.32mg/kg，总体为中上水平，其中 80~100mg/kg 占 20.5%、100~150mg/kg 占 27.2%、>150mg/kg占 52.3%，说明一半左右的耕地钾处于中等水平，仍需增施钾肥，速效钾较缺的土种为狭谷泥砂田（表 5-7）。

表 5-7　磐安县二级耕地土壤养分变异

养分名称	最小值	最大值	平均值	标准差	变异系数
有机质（g/kg）	22.74	33.26	27.08	4.03	0.15
碱解氮（mg/kg）	127	152	140.88	7.78	0.06
有效磷（mg/kg）	21.8	297.4	113.53	115.35	1.02
速效钾（mg/kg）	84.8	186.83	125.32	39.45	0.31

四、生产性能及管理建议

二级耕地耕层质地以砂壤土为主，耕作层 20cm 左右，理化性状较好，土壤养分丰富，田间基础设施完善，适于农机进出作业，灌得进、排得出，旱涝保收，生产性能好。目前，农业利用上水田：药材（绿肥、小麦、油菜）—单晚（蔬菜、西瓜），或药材/甜玉米—连晚，旱地药材/玉米/大豆（蔬菜、番薯）。年粮食生产能力在 500~800kg/亩，冬种为药材的亩产值在万元以上。

　　管理建议：从这次调查的结果看，耕作层有机质、速效钾、阳离子交换量（CEC）指标值都总体中上水平，反映出土壤肥力水平较高，土壤本底的养分基本平衡，保肥供肥能力强，但也存在土壤养分含量各评价单位之间不均衡，有效磷多数土壤已超量，容重 1/3 较紧实。pH 值普遍较低，土壤偏酸性。因此，管理上，一是进行土壤改良，实行秸秆还田、施用农家肥，改善土壤理化性状，每年冬季翻耕时，施用生石灰 50~60kg 或白云石粉 150~200kg，与土壤混合，肥料尽可能选择钙镁磷肥、草木灰等碱性肥料，以逐步调节土壤 pH 值。二是施肥原则"增施有机肥，降磷增钾"，通过增施有机肥，提高土壤阳离子交换量，实行测土配方施肥，因缺补缺，有效磷>50mg/kg 就不用施用磷肥，钾水平还较低，又容易流失，建议亩施用钾肥 10~15kg，微量元素根据土壤状况和敏感作物的特性进行补施。农业种植上，可以根据市场需求，调整农业种植结构，充分利用温光资源，提高复种指数，提高产出率，推广水田药—稻（甜玉米）—稻、旱地药—春玉米—蔬菜等"千斤粮万元钱"模式。

第三节　二等三级耕地地力分述

一、立地状况

　　二等三级耕地 33 725.3 亩，占全县耕地园地面积的 18.3%，主要分布在安文区域，其中千亩以上乡镇依次为新渥 8 571亩、冷水 5 986亩、双溪 4 370亩、方前 3 406亩、仁川 2 198亩、安文 2 001亩、深泽 1 741亩、窈川 1 307亩、双峰 1 184亩等，三级面积占乡镇耕地园地总面积50%的乡镇有冷水 96.6%、新渥84.6%、双峰52.3%、双溪51.2%等 4 个乡镇，占 18%以上的乡镇有方前37%、深泽31.3%、窈川25.6%、仁川23.9%、安文18.2%等5个（表5-8）。三级耕地立地条件较好，海拔高度200~350m，处于好溪、始丰溪流域两岸的畈田，高低落差不大，温光资源好，年积温 5 000℃以上，无霜期215~245 天，年可种植三熟，田间基础设施较为完善，70%左右的水田通过土地整理，田成方、路成网、渠相连，水利条件好，抗旱能力50~70天，包含所有土种，为基本旱涝保收的吨粮田，是现代农业园区和粮食生产功能区的主要示范基地。

表5-8 三级耕地分乡镇统计

乡镇名称	面积（亩）	三级（亩）	占乡镇面积（%）	占总面积（%）
安文镇	11 000	2 001.1	18.2	1.1
大盘镇	5 837	143.6	2.5	0.1
方前镇	9 212	3 406.2	37.0	1.9
高二乡	8 655	0.0	0.0	0.0
胡宅乡	14 558	0.0	0.0	0.0
尖山镇	15 370	487.9	3.2	0.3
九和乡	9 569	0.0	0.0	0.0
冷水镇	6 198	5 986.1	96.6	3.3
盘峰乡	3 309	0.0	0.0	0.0
仁川镇	9 189	2 198.4	23.9	1.2
尚湖镇	24 256	783.0	3.2	0.4
深泽乡	5 561	1 740.5	31.3	0.9
双峰乡	2 266	1 184.0	52.3	0.6
双溪乡	8 538	4 369.7	51.2	2.4
万苍乡	13 515	988.6	7.3	0.5
维新乡	1 502	125.7	8.4	0.1
新渥镇	10 128	8 571.1	84.6	4.7
窈川乡	5 105	1 306.6	25.6	0.7
玉山镇	20 304	432.7	2.1	0.2
合计	184 073	33 725.3		18.3

二、理化性状

（一）pH值

三级耕地 pH 值在 3.8~6.5，变异幅度较大，其中，pH 值为 4.5~5.5 酸性的占 91.5%，pH 值为 5.5~6.5 弱酸性的占 7.7%，pH 值 <4.5 强酸性的占 0.8%，分布乡镇有双峰、双溪、新渥和安文等，这与成土母质和施用化肥为主有一定关系。各利用地类 pH 值变幅相差不大，各土类之间水稻土和红壤变异幅度大。

（二）容重

三级耕地容重在 $0.84 \sim 1.34 \text{g/cm}^3$，其中 $0.9 \sim 1 \text{g/cm}^3$ 的占 74.8%，$1.1 \sim$

1. 3g/cm³ 占 19.1%，<0.9g/cm³ 占 5.6%，>1.3g/cm³ 占 0.6%，说明多数土壤容重生产分值较高，水田、旱地变异变异系数均为 0.09。

（三）阳离子交换量

三级耕地阳离子交换量在 9.19～25.43cmol/100g 土，以 10～15cmol/100g 土为主占 78.8%，其次 15～20cmol/100g 土占 18.5%，总体为中等水平，与二级耕地相比，阳调子交换量下降 2cmol/100g 土左右（表5-9）。

表5-9　磐安县三级耕地理化性状变异

理化性状	最小值	最大值	平均值	标准差	变异系数
pH 值	3.8	6.5	—	0.29	0.06
容重（g/cm³）	0.84	1.34	1.07	0.09	0.09
CEC（cmol/100g 土）	9.19	25.43	13.29	2.29	0.17

三、养分状况

（一）有机质

三级耕地的有机质为 6.5～80.1g/kg，其中，20～30g/kg 占 75%，30～40g/kg 占 2.3%，10～20g/kg 占 11.7%，<10g/kg 占 0.1%，平均值 25.1g/kg，总体处于中上水平，与二级比含量稍低，但三级耕地种植利用率同二级，农民秸秆还田和有机类肥料投入相对也较多。

（二）碱解氮

三级耕地的碱解氮为 60～472mg/kg，其中，100～150mg/kg 占 79.1%，150～200mg/kg 占 11.9%，>200mg/kg 占 3.6%，50～100mg/kg 占 5.5%，平均 135.58mg/kg，属丰富水平；各地类之间碱解氮含量大小为水田>旱地>园地；各土类之间碱解氮含量大小为黄壤>水稻土>红壤；各乡镇间，安文区域多在 100～150mg/kg 间，玉山区域多>150mg/kg。

（三）有效磷

三级耕地的有效磷为 4.43～616.65mg/kg，平均 100.97mg/kg，变异幅度大，其中，丰富水平的 35～50mg/kg 占 10.2%，25～35mg/kg 占 7.3%，18～25mg/kg 占 4.6%，极丰富水平的>50mg/kg 占 76.1%，这部分为过量，不需再施用，否则影响其他元素吸收，<18mg/kg 缺乏的仅 1.5%。各地类有效磷大小依次为旱地>水田>园地；各乡镇间比较，冷水、新渥一带普遍较高，在 100mg/kg 以上，主要该一带冬季普遍种植药材底肥都要施磷肥有关，而玉山台地、方前、双溪较低，多在 100mg/kg 以下。

（四）速效钾

三级耕地的速效钾为 40.04~405.24mg/kg，平均 111.85mg/kg，总体为中等水平，其中，80~100mg/kg 占 20.1%、100~150mg/kg 占 45.8%、>150mg/kg 占 14.6%，说明大多数土壤处于中等或缺钾状态，需增施钾肥（表5-10）。各地类之间速效钾含量依次为果园>旱地>水田，原因之一为提高水果品质，果农喜欢使用钾肥；各乡镇之间速效钾含量依次为安文区域>玉山区域>盘山区域，由于安文区域秸秆还田相对高。

表 5-10　磐安县三级耕地土壤养分

养分名称	最小值	最大值	平均值	标准差	变异系数
有机质（g/kg）	6.51	80.1	25.1	6.17	0.25
碱解氮（mg/kg）	60	472	135.58	37.92	0.28
有效磷（mg/kg）	4.43	616.65	110.97	71.97	0.65
速效钾（mg/kg）	40.04	405.24	111.85	41.6	0.37

四、生产性能及管理建议

三级耕地总体生产性能较好，耕层质地安文、盘山区域以砂壤土为主，玉山区域以黏壤土、黏土为主，耕作层水田 15~20cm，旱地在 20cm 以上，多数土壤适耕性好，但土壤偏酸性，阳调子交换量中等水平。土壤养分较丰富，70%土壤有机质、碱解氮含量丰富，但有效磷已过高，速效钾为缺乏。田间基础设施较为完善，水田大多数地块已进行土地平整，适于农机进出作业，灌得进、排得出，旱涝保收，旱地也处在丘陵缓坡，部分安装了喷灌、微蓄微灌，有一定的抗旱能力，目前农业利用二至三熟，水田为：药材（绿肥、小麦、油菜）—单晚（蔬菜、西瓜），或药材/甜玉米—连晚，旱地为：药材/玉米—大豆（蔬菜、番薯）。年粮食生产能力在 500~700kg/亩，冬种为药材的亩产值在万元以上。

（一）管理建议

从这次调查的结果看，耕作层有机质、速效钾、阳离子交换量（CEC）指标值都总体中上或中等水平，反映出土壤肥力水平较高，也有一定的保肥供肥能力，但也存在土壤养分含量各评价单位之间不均衡，有效磷多数土壤已超量，pH 值普遍较低，土壤偏酸性。因此管理上，一是进行土壤改良，实行秸秆还田、施用农家肥，改善土壤理化性状，每年冬季翻耕时，施用生石灰 50~60kg 或白云石粉 150~200kg，与土壤混合，肥料尽可能选择钙镁磷肥、草木灰等碱性肥料,使土壤的理化性状逐步变好。

(二) 施肥建议

施肥原则为"增施有机肥,降磷增钾",通过增施有机肥,提高土壤阳离子交换量,实行测土配方施肥,因缺补缺,有效磷>50mg/kg 就不用施用磷肥,钾水平还较低,又容易流失,建议亩施用钾肥 10~15kg,微量元素根据土壤状况和敏感作物的特性进行补施。农业种植上,可以根据市场需求,调整农业种植结构,充分利用温光资源,提高复种指数,能种三熟的尽可能种三熟或二年五熟,水田推广药—稻(甜玉米)—稻、旱地药—春玉米—蔬菜等"千斤粮万元钱"模式。

第四节　二等四级耕地地力分述

一、立地状况

二等四级耕地 107 949 亩,是磐安耕地的主要级别类型,占全县耕地园地面积的 58.6%,广泛分布于所有乡镇,其中,5 000 亩以上有 7 个乡镇,分别为尚湖 19 844.0 亩、尖山 13 719.6 亩、万苍 12 224.4 亩、玉山 10 534.9 亩、安文 8 632.0 亩、仁川 6 934.1 亩、九和 6 357.0 亩;1 000~5 000 亩的有 10 个乡镇,依次为胡宅、双溪、大盘、窈川、深泽、盘峰、方前、高二、维新等;1 000 亩以下为双峰、冷水等(表 5-11)。分地类统计,水田四级面积占水田总面积的 59%,旱地四级占旱地总面积的 65% 以上,四级旱地占比例多;分乡镇统计,万苍、尖山、盘峰、尚湖的四级田占其乡镇总面积的 80% 以上。因此,四级耕地与三级耕地比较,立地条件差得多,一是海拔较高,500m 左右,如玉山台地的 6 个乡镇都以四级为主;二是温光资源年积温 4 500~5 000℃,无霜期 200~225 天,年种植一至二熟;三是除水田外,旱地抗旱能力普遍不强,田间基础设施玉山台地的畈田大多已进行土地整理,田成方、路成网、渠相连,适宜农机进出作业,粮食生产能力也在 700kg 左右。

表 5-11　四级耕地分乡镇统计

乡镇名称	面积(亩)	四级(亩)	占乡镇面积(%)	占总面积(%)
安文镇	11 000	8 632.0	78.5	4.7
大盘镇	5 837	4 054.1	69.5	2.2
方前镇	9 212	1 651.9	17.9	0.9

（续表）

乡镇名称	面积（亩）	四级（亩）	占乡镇面积（%）	占总面积（%）
高二乡	8 655	1 468.8	17.0	0.8
胡宅乡	14 558	4 368.1	30.0	2.4
尖山镇	15 370	13 719.6	89.3	7.5
九和乡	9 569	6 357.0	66.4	3.5
冷水镇	6 198	179.3	2.9	0.1
盘峰乡	3 309	2 880.2	87.0	1.6
仁川镇	9 189	6 934.1	75.5	3.8
尚湖镇	24 256	19 844.0	81.8	10.8
深泽乡	5 561	3 785.9	68.1	2.1
双峰乡	2 266	767.6	33.9	0.4
双溪乡	8 538	4 131.2	48.4	2.2
万苍乡	13 515	12 224.4	90.5	6.6
维新乡	1 502	1 200.2	79.9	0.7
新渥镇	10 128	1 418.5	14.0	0.8
窈川乡	5 105	3 797.4	74.4	2.1
玉山镇	20 304	10 534.9	51.9	5.7
合　计	184 073	107 949		58.6

二、理化性状

（一）pH 值

四级耕地 pH 值为 3.6~7.6，变异幅度大，其中，pH 值为 4.5~5.5 酸性的占 84.2%，pH 值为 5.5~6.5 弱酸性的占 1.3%，pH 值 <4.5 强酸性的占 14.4%，强酸性比例三级多 13.6%，分布乡镇除冷水外其他均有强酸性土壤，该级地块交通关系，偏施化肥现象更多，因此酸性也较强。各利用地类 pH 值变幅相差不大（表 5-12）。

表 5-12　磐安县四级耕地理化性状

理化性状	最小值	最大值	平均值	标准差	变异系数
pH 值	3.6	7.6	—	0.32	0.07
容重（g/cm³）	0.74	1.28	1.08	0.06	0.06
CEC（cmol/100g 土）	8.62	25.77	14.09	2.24	0.16

（二）容重

四级耕地容重为 0.74~1.28g/cm³，其中，0.9~1g/cm³ 之间的占 67.4%，1.1~1.3g/cm³ 之间的占 30.1%，<0.9g/cm³ 占 2.5%，和三级比较，前者比例下降，后者比例升高，土壤容重生产分值不如三级，不同利用地块之间容重差别不大，乡镇间比较，维新、高二、尚湖等山区乡镇平均容重>1.1g/cm³，主要砾石度较高有关。

（三）阳离子交换量

四级级耕地阳离子交换量为 8.62~25.77cmol/100g 土，平均 14.09cmol/100g 土，以 10~15cmol/100g 土为主占 74%，其次 15~20cmol/100g 土占 22.8%，总体为中等水平。

三、养分状况

（一）有机质

四级耕地的有机质在 5.17~72.74g/kg，平均值 27.1g/kg，其中，20~30g/kg占70.2%，30~40g/kg 占 20.8%，总体处于中上水平。不同地类之间含量大小依次为水田>旱地>园地。不同乡镇间以山区乡镇较高（表5-13）。

表 5-13　磐安县四级耕地土壤养分变异

养分名称	最小值	最大值	平均值	标准差	变异系数
有机质（g/kg）	5.17	72.74	27.1	5.53	0.2
碱解氮（mg/kg）	48	340	143.05	27.72	0.19
有效磷（mg/kg）	1.31	469.99	95.18	63.12	0.66
速效钾（mg/kg）	17.43	472.15	103.46	40.86	0.39

（二）碱解氮

四级耕地的碱解氮范围 48~340mg/kg，平均 143.05mg/kg，其中，很丰富的>150mg/kg 占 33.7%，丰富的 100~150mg/kg 占 62.2%；各地类之间碱解氮含量大小为水田>旱地>园地；各乡镇间，高二、维新、盘峰、大盘、双峰、胡宅等 6 个山区乡镇平均含量>150mg/kg，其他乡镇为 100~150mg/kg。

（三）有效磷

四级耕地的有效磷在 1.31~469.99mg/kg，平均 95.18mg/kg，比三级低12%，变异幅度大，其中丰富水平的 35~50mg/kg 占 13.3%，25~35mg/kg 占9.1%，18~25mg/kg 占 5.6%，极丰富水平的>50mg/kg 占 69%，这部分为过

量，不需再施用，否则影响其他元素吸收，<18mg/kg 缺乏的仅 2.9%。各地类有效磷大小依次为果园>旱地>水田>茶园；各乡镇间比较，盘山、安文区域高，玉山台地区域低。

（四）速效钾

四级耕地的速效钾在 17.43～472.15mg/kg，平均 103.46mg/kg，总体为中等水平，其中丰富的>150mg/kg 占 11.3%，中等的 80～100mg/kg 占 25.3%、100～150mg/kg 占 32%、>80mg/kg 的比三级低 10 个百分点，说明缺钾现象更普遍，需增施钾肥。各地类之间速效钾含量依次为果园>旱地>水田>茶园，原因之一为提高水果品质，果农喜欢使用钾肥；各乡镇之间速效钾含量>150mg/kg有窈川、双溪、维新等 3 个乡镇，<100mg/kg 有冷水、新渥、深泽、方前等 9 个乡镇。

四、生产性能及管理建议

四级耕地生产性能一般，温光资源满足一至二熟，以二熟为主，耕层质地安文、盘山区域以砂壤土为主，玉山区域以黏壤土、黏土为主，耕作层水田15～20cm，旱地在 20cm 以上，土壤总体偏酸性，有 1/3 土壤紧实，容重较高，阳调子交换量中偏下水平。土壤养分较丰富，多数土壤有机质、碱解氮含量丰富，但存在磷多钾缺情况。田间基础设施水田较为完善，旱地处在丘陵缓坡，抗旱能力较差，目前农业利用二熟为主，水田为：药材（绿肥）—单晚，或药材—甜玉米，玉山以一熟茭白为主，旱地为：药材—玉米（大豆）。年粮食生产能力在 550kg/亩左右，冬种为药材的亩产值较高。

管理建议：一是完善田间基础设施，修复沟渠路，提高抗旱能力和机械化程度；二是进行土壤改良，实行秸秆还田、施用农家肥，改善土壤理化性状，每年冬季翻耕时，施用生石灰 50～60kg 或白云石粉 150～200kg，与土壤混合，肥料尽可能选择钙镁磷肥、草木灰等碱性肥料，使土壤的理化性状逐步变好；三是施肥建议：施肥原则为"增施有机肥，降磷增钾"，通过增施有机肥，提高土壤阳离子交换量，实行测土配方施肥，因缺补缺，有效磷>50mg/kg 就不用施磷肥，钾水平还较低，又容易流失，建议亩施用钾肥 10～15kg，微量元素根据土壤状况和敏感作物的特性进行补施。农业种植上，可以根据市场需求，调整农业种植结构，充分利用温光资源，提高复种指数。

第五节　三等五级耕地地力分述

一、立地状况

三等五级耕地 25 408 亩，占全县耕地园地面积的 13.8%，分布除冷水、新渥、窈川外的其他 16 个乡镇，占比均很小，在 0.1%~3.6% 之间，其中 5 000 亩以上有 3 个乡镇，分别为：胡宅 6 587 亩、玉山 5 382 亩、高二 5 090 亩，1 000~5 000 亩的有 3 个乡镇，依次为方前 2 341 亩、尚湖 1 884 亩、九和 1 769 亩，其余均在 1 000 亩以下（表 5-14）。分地类统计，水田、旱地园地均占各地类面积的 10%~15%；分乡镇统计，五级占其总面积的百分比依次为：高二 58.8%，胡宅 45.2%，玉山 25.5%、方前 25.4%、九和 18.5%、大盘 15.2%。上述乡镇都是山地占比较多的乡镇，立地条件较差，一是海拔较高 500m 以上，如高二很多地在 800~950m；二是温光资源年积温 4 500℃ 左右，无霜期 200 天左右，年种植一熟；三是田间基础设施较差，抗旱能力普遍不强，水土易流失，粮食生产能力在 500kg 左右。

表 5-14　五级耕地分乡镇统计

乡镇名称	面积（亩）	五级（亩）	占乡镇面积（%）	占总面积（%）
安文镇	11 000	184	1.7	0.1
大盘镇	5 837	887	15.2	0.5
方前镇	9 212	2 341	25.4	1.3
高二乡	8 655	5 090	58.8	2.8
胡宅乡	14 558	6 587	45.2	3.6
尖山镇	15 370	586	3.8	0.3
九和乡	9 569	1 769	18.5	1.0
冷水镇	6 198			
盘峰乡	3 309	223	6.7	0.1
仁川镇	9 189	27	0.3	0.0
尚湖镇	24 256	1 884	7.8	1.0
深泽乡	5 561	18	0.3	0.0
双峰乡	2 266	164	7.2	0.1

（续表）

乡镇名称	面积（亩）	五级（亩）	占乡镇面积（%）	占总面积（%）
双溪乡	8 538	20	0.2	0.0
万苍乡	13 515	155	1.2	0.1
维新乡	1 502	90	6	0.0
新渥镇	10 128			
窈川乡	5 105			
玉山镇	20 304	5 382	26.5	2.9
合计	184 073	25 408		13.8

二、理化性状

（一）pH 值

五级耕地 pH 值在 3.7~5.7，变异幅度较大，其中 pH 值为 4.5~5.5 酸性的占 55%，pH 值为 5.5~6.5 弱酸性的占 0.3%，pH 值<4.5 强酸性的占 44.7%，强酸性比例比三级、四级分别高 39.9 和 30.1 个百分点，主要是地形坡度比三四级大，流失多（表 5-15）。分布乡镇除万苍、窈川、深泽外其他均有强酸性土壤，双溪、双峰五级以强酸性土壤为主，该级地块由于交通关系，偏施化肥现象更多，因此酸性也较强。各利用地类 pH 值变幅耕地比园地大。

（二）容重

五级耕地容重在 0.9~1.26g/cm³，其中，0.9~1g/cm³ 的占 61.2%，1.1~1.3g/cm³ 的占 38.8%，和四级比较，前者比例下降，后者比例升高，土壤容重生产分值不如四级，不同利用地块之间容重差别不大，乡镇间比较，盘山区域及仁川、双峰、窈川、万苍、玉山等 10 个乡镇平均容重>1.1g/cm³，其中仁川、双峰、窈川、万苍和方前最低容重均在 1.1g/cm³ 以上，主要砾石度较高有关。

（三）阳离子交换量

五级级耕地阳离子交换量在 9.72~25.19cmol/100g 土，平均 13.46cmol/100g 土，以 10~15cmol/100g 土为主占 87%，其次 15~20cmol/100g 土占 12.3%，与四级相比，>15cmol/100g 土明显降低，总体为中偏下水平。不同地类之间比较阳离子交换量大小依次为：果园>水田>旱地，不同乡镇均在 10~15cmol/100g 土，差别不是很大。

表 5-15　磐安县五级耕地理化性状变异

理化性状	最小值	最大值	平均值	标准差	变异系数
pH 值	3.7	5.7	—	0.31	0.07
容重（g/cm³）	0.9	1.26	1.12	0.07	0.06
CEC（cmol/100g 土）	9.72	25.13	13.46	1.9	0.14

三、养分状况

（一）有机质

五级耕地的有机质在 11.1～54.71g/kg，平均值 27.94g/kg，其中 20～30 g/kg占 58.3%，30～40g/kg 占 31.8%，总体处于中上水平（表 5-16）。不同地类之间含量大小依次为：果园＞水田＞旱地＞其他园地，不同乡镇间平均含量低于 20g/kg 的有双溪、安文、深泽等，高于 30g/kg 有方前、高二等，其余在 20～30g/kg。

（二）碱解氮

五级耕地的碱解氮在 60～313mg/kg，平均 153.28mg/kg，其中很丰富的＞150mg/kg 占 50.3%，丰富的 100～150mg/kg 占 47.5%；各地类之间碱解氮含量大小为：水田＞旱地＞园地；各乡镇间，高二、方前、大盘、胡宅等 4 个山区乡镇平均含量＞150mg/kg，双溪＜100mg/kg，其他乡镇在 100～150mg/kg。

（三）有效磷

五级耕地的有效磷在 1.88～289.22mg/kg，平均 83.17mg/kg，比四级低 11.39%，变异幅度大，其中，丰富水平的 35～50mg/kg 占 7.3%，25～35mg/kg 占 11.8%，18～25mg/kg 占 7.9%，极丰富水平的＞50mg/kg 占 58%，这部分为过量，不需再施用，否则影响其他元素吸收，＜18mg/kg 缺乏的仅 15.1%。各地类有效磷大小依次为果园＞旱地＞水田＞茶园；各乡镇间比较，平均含量＜50mg/kg 仅尖山、胡宅、玉山 3 个乡镇；最低含量＞50mg/kg 有方前、深泽、盘峰、高二、仁川、双溪、双峰等 7 个乡镇，这部分乡镇磷肥应少施或不施。

（四）速效钾

五级耕地的速效钾在 9.18～243.67mg/kg，平均 77.4mg/kg，总体为中下水平，其中，丰富的＞150mg/kg 仅占 0.4%，中等的 80～100mg/kg 占 29.4%、100～150mg/kg 占 6%、含量较低＜80mg/kg 的占 64.2%，说明五级耕地普遍缺钾，需增施钾肥。各地类之间速效钾含量依次为果园＞旱地＞水田＞茶园，原因之一为提高水果品质，果农喜欢使用钾肥；各乡镇速效钾平均含量尖山、维新、安文在 100～120mg/kg，其他乡镇均在 100mg/kg 以下，总体较低。

表5-16　磐安县五级耕地土壤养分变异

养分名称	最小值	最大值	平均值	标准差	变异系数
有机质（g/kg）	11.1	54.71	27.94	5.88	0.21
碱解氮（mg/kg）	60	313	153.28	29.55	0.19
有效磷（mg/kg）	1.88	289.22	83.79	57.14	0.68
速效钾（mg/kg）	9.18	243.67	77.4	23.61	0.31

四、生产性能及管理建议

五级耕地生产性能较差，温光资源满足1~2熟，以1熟为主，低产田多，有的冷泉水渗透、浸渍，水冷土温低，有的水土流失，砾质性强，土壤总体偏酸性，近一半土壤为酸性，有1/3土壤紧实，容重较高，阳调子交换量中偏下水平。土壤养分与四级比，总体下降，土壤有机质、碱解氮中上水平，有效磷过多，速效钾缺乏。田间基础设施较差，靠天田多，旱地抗旱能力较差，目前，农业利用上水田一熟为主，单晚或蔬菜或药材等，旱地药材或玉米或甘薯。年粮食生产能力在450kg/亩左右。

管理建议：一是完善田间基础设施，修复沟渠路，冷浸田开好环田沟，开辟水源，筑山塘，做机埠，引水灌溉，提高抗旱能力和机械化程度；二是进行土壤改良，实行秸秆还田、施用农家肥亩1 500kg左右，改善土壤理化性状，每年冬季翻耕时，施用生石灰50~60kg或白云石粉150~200kg，充分与土壤混合，肥料尽可能选择钙镁磷肥、草木灰等碱性肥料，使土壤的理化性状逐步变好；三是施肥有机无机相结合，施肥原则为"增施有机肥，降磷增钾"，通过增施有机肥，提高土壤阳离子交换量，实行测土配方施肥，因缺补缺，有效磷>50mg/kg就不用施磷肥，钾总体比较低，建议亩施用钾肥15~18kg，微量元素根据土壤状况和敏感作物的特性进行补施。农业种植上，可以根据市场需求，调整农业种植结构，充分利用温光资源，提高复种指数。

第六章

耕地管理对策与建议

第一节　耕地质量建设与土壤改良

一、耕地地力现状分析

磐安县耕地地力以二等田为主，面积 15.85 万亩，占 86.1%，三等田 2.54 万亩，占 13.8%，一等田仅 128 亩，占 0.1%。三类利用地的地力大小依次为水田>旱地>园地，说明磐安的地力建设潜力很大，目前耕地地力评价指标中，土壤肥力几项指标均不是很低，主要问题是土壤理化性状均不理想。一是土壤酸性强为共性；二是 1/3 土壤容重高，主要原因：一方面是山地砾石多，另一方面 3 万多亩标准农田整理后，许多田块肥土层移动带来石砾增加；三是阳离子交换量总体中等。另外，山区立地条件差，抗旱能力不强、山泉冷水渗入土温低为障碍因素，尖山、胡宅区块土质黏重，适耕性差为障碍因素。上述也是土壤改良的目标。

二、分区施肥建议

根据行政区域、地形地貌、产业分布和农民施肥现状将全县耕地分成 4 个区进行施肥指导。

（一）磐西南低山丘陵粮经轮作施肥区

该区域包含安文、深泽、新渥、冷水、仁川、双峰等 6 个乡镇，耕园地面积 4.43 万亩，占全县的 22.9%，是全县生产条件较优的区块，地势相对较低，海拔 260~350m，耕地相对连片，沿溪两岸畈田多，是二级、三级主要集中区域，土壤以红黄壤为主，水稻土以潴育型黄泥砂田、狭谷泥砂田为主，耕层质地砂壤土多，易耕作，前期启发快，是药材主产区，冬季种植贝母、元胡，夏季种植水稻、甜玉米及蔬菜，水旱粮经轮作，复种指数高，种药材时，农民普遍要施有机肥，但数量少，亩施多在 100kg 以内，同时磷肥打底，面上多用秸秆覆盖，秸秆有稻草、杂草、废菌棒等，除药材外，后作多用化肥，且以氮肥为主，目前土壤养分情况，有机质中上水平，碱解氮丰富，多数土壤有效磷过量，钾中上水平，pH 值酸性。该区块用地有余，养地不足，因此，施肥建议稳定并增施有机肥，亩要求施用商品有机肥 300kg 以上，秸秆还田 2 000kg 以上，肥料减氮减磷增钾，钾肥亩施 10~12kg，并加硼、锌肥。复合肥选用低磷高钾型，施肥方法上宜少量多次，防治后期脱肥。

（二）磐东、西边缘低海拔粮作施肥区

含方前、双溪、窈川等3个乡镇。耕园地面积2.29万亩，占全县的12.4%，是全县海拔最低的乡镇，海拔200m左右，温光资源好，地处溪流下游，上游均有水库，灌溉好，两岸溪改田多，水田有培泥砂田、洪积泥砂田等土种，旱地主要黄泥土，该区块水田以种植水稻等粮食为主，施肥多以氮磷为主，推广水稻配方肥后有所改变，冬季土地利用率不高，但绿肥面积有一定比例，目前养分状况，有机质中等水平，碱解氮较丰富，多数土壤有效磷过量，钾中等水平，pH值酸性。

施肥建议：冬闲田推广种植绿肥，种植小麦、油菜的要求施用有机肥500kg以上，化肥稳氮减磷增钾，有效磷>50mg/kg不施磷肥，30~50mg/kg亩施3~5kg，钾根据含量亩施用8~12kg，推广水稻专用配方肥，玉米配方肥（含镁锌），水田土质多为砂性，易漏水漏肥，要求追肥少量多次，后期进行根外追肥。

（三）磐东北台地经作施肥区

含尚湖、万苍、玉山、尖山、胡宅5个乡镇，面积8.8万亩，占全县的47.8%，为耕地面积最大的区域，是人均耕地最多地区，人均1.2亩，是其他区域的1.4倍，该区为典型的台地，海拔大部分在400~500m，起伏平缓，地势平坦，有千亩成片的三佰畈、浮牌畈、九里岗等，故有山区"小平原"之称，土壤类型多，有黄泥砂田、黄泥田，也有黏性的棕大泥田、红黏田等，旱地有红黏土、粉红黏土、黄泥土等，阳光充足、温差大等特殊的地理环境，对农产品生产的产量、质量都非常有利，因此种植主导产业明显，加上农民有精耕细作的传统，各项技术走在前沿，以前杂交水稻制种，旱地分带轮作闻名遐迩，当前高山茭白、磐安龙井也是省内有名，本次评价以四级田为主，土壤理化性状总体酸性，其中，尖山、胡宅一带为红黏土，质地黏重，土壤肥力中上水平，有机质27.1mg/kg、碱解氮143.05mg/kg、有效磷95.18mg/kg、速效钾103.46mg/kg。

施肥建议：茭白秸秆还田，目前秸秆还田的仅1/4左右，茭白秸秆难腐烂，推广种植食用菌或沼气利用后再还田，亩施生石灰50~70kg改善土壤酸碱性，化肥稳氮减磷增钾，大多数土壤磷肥可以隔年施，钾肥于基肥和孕茭肥分二次施用，推广使用茭白配方肥；茶园是三类利用地类中肥力最低的，需增施有机肥，亩施用商品有机肥300~500kg，并使用高氮低磷中钾的复合肥，亩施用纯氮18~25kg、磷肥（P_2O_5）4~6kg、钾肥（K_2O）10~12kg。

（四）磐中南中低山粮经施肥区

含大盘、盘峰、高二、维新和九和等5个乡镇，面积2.89万亩，占全县的

15.7%，该区域为山区，海拔 400~800m，立地条件差，田块分散，坡陡流急，水土易流失，热量资源不足，多种一熟，许多为靠天田，抗旱能力差，土壤类型为红壤、黄壤，水田以淹育型山地黄泥田和黄泥田为主，旱地以黄泥土为主，地力评价为五级为主，土壤砾石度高，肥力中等水平，其中，磷钾含量比前几个区域都低。

施肥建议：冬闲田种植绿肥，靠山边可割树叶、毛草沤制或翻耕入田，靠村庄的可施用农家肥、商品有机肥，改善土壤理化性状，化肥稳氮稳磷增钾，磷肥除少部分过多的不施外以稳定用量为主，钾肥亩施用 10~15kg，要求深施、分次施，减少流失。

三、土壤改良利用对策与建议

（一）磐西南低山丘陵红黄壤改良利用区

该区成土母质以凝灰岩风化物为主，夹有少量的紫色砂、页岩、砂砾岩的风化物。山区溪流较多，水稻土大部分是洪积冲积和坡积型畈田，土种有黄泥砂田、黄泥田、泥砂田、洪积泥砂田等，山地土种为黄泥土、石砂土、紫红泥砂土。

1. 水稻土的改良利用

本区水稻土多连片集中，以垄畈田为主，土层深厚，光照长，水利条件好，有利于三熟种植，土壤肥力中上水平，目前所存在主要问题是酸性反应，塘库坝脚田排水不良，沿溪畈田（特别是整理后的农田）漏水漏肥，坡梯田受侧侵、漂洗渗水影响等。

改良利用意见：①实行粮经、水旱轮作，推广药/甜玉米—晚稻，药—稻—稻、药—菜—稻、药—香菇，黑木耳—稻等模式，提高复种指数。②塘库坝脚田做好开沟排水，渠系配套；坡梯田、垄田受侧渗水浸透，除开好里壁沟，横头沟切断渗水入田外，还应开好山脚防洪沟，防止泥砂压田，同时适宜冬耕晒垡，提高土温，改善土壤理化性状。③增施有机肥，培肥土壤，该区块土地利用率高、目前农家肥缺乏，施入有机肥还是不够的，要求亩施用 300kg 以上。④调节土壤pH值，年施用生石灰 50~70kg 或白云石粉 150~200kg，施用后翻耕与土壤混匀，一次也不宜太多，要逐年改善。⑤洪积泥砂田，土层厚薄不一，砂性重，易漏水漏肥，应保护好犁底层，化肥施用少量多餐，以满足作物生长全生育期的土壤养分要求。⑥岗背梯田和山垄田水源不足，易受秋旱，应继续兴修山塘水库，提高抗旱能力。

2. 旱地黄泥土、石砂土、酸性紫色土改良利用

土壤的基本特性是酸性、石砾多、土层厚薄不一，水肥易流失。

改良利用意见：①旱地经济作物当前以贝母、元胡为主，改扩种玄参、芍药、桔梗、鸢尾等药材，因这些药材对土壤肥力要求不高，适应性强。新渥到仁川一带阳光好的发展果桑，农旅融合。粮食作物以春玉米/大豆为主，土层厚的种植甘薯。②缓坡山地：发展油茶，水果，注意保护水土，以水平带种植，采用块状垦造；坡度>30°的退耕还林，种植毛竹等经济林。

（二）磐东北台地红黄壤改良利用区

该区成土母质主要为玄武岩和凝灰岩风化物两种，其中，玄武岩发育的红黏土，全土层较深厚，地势较平缓，质地黏重，耕作阻力大，通透性差，前期起发慢，后期易贪青，主要分布胡宅—尖山—万苍一带。

改良利用意见：①对水田土壤进行冬耕晒垡，水旱轮作，同时采用秸秆还田，增施有机肥料，每年翻耕时施用生石灰50～70kg或白云石粉150～200kg，调节土壤酸性，从而改善土壤理化性状，提高通透性。②充分发挥土壤土层厚的优点，种植水稻、茭白、茄子等作物，注意肥料以前期基肥施入为主，并加入速效性肥料，早管促早发，后期看苗采用根外追肥。③旱地采用分带轮作，种植春玉米、甘薯、大豆，同时发展小杂粮赤豆、乌豇等，并扩大小京生种植。④山地重点发展茶叶，采用水平带种植，早期行间套种箭舌豌豆，培肥土壤，又增加经济收入。凝灰岩发育的黄泥土，土层厚薄不一，阳坡和陡坡山岗土层浅薄，山脚山垄缓坡土层深厚。

通过深耕加厚耕作层，增施有机肥培肥土壤，缓坡地以发展水果为主，平地以粮食、药材为主。

（三）磐东西边缘石砂土改良利用区

该区成土母质主要为凝灰岩风化物，质地中壤，含砾质强，易受冲刷，土层浅薄，分散在山坞小垄，肥力较低。

改良利用意见：客土改良，将塘泥及建设用地剥离的表土层加入改良，采用秸秆覆盖、增施有机肥，提高保水保肥性能，改善理化性状，利用重点发展水果、经济林，方前以翠冠李、桃树、杨梅等水果为主，双溪以发展板栗、牛心柿等为主。

（四）磐中南低中山黄壤改良利用区

该区主要为凝灰岩发育的黄泥土为主，有机质相对较高，但磷钾为中等或缺乏，由于山高垄狭，日照不足，禾苗起发慢，加之农田零星分散，管理不便。

改良利用意见：主要加强培肥耕作，冬种绿肥，增施磷钾肥，重点发展药材白术、玄参等，交通方便的发展高山蔬菜、高山西瓜等，增加农民收入。

四、耕地质量建设的技术措施

针对全县耕地和标准农田质量现状，耕地地力建设的重点为提高土壤肥力和改善土壤的物理化学性能，其主要措施如下。

（一）农田基础工程措施

可分为基础工程建设和人为耕作活动两部分。基础工程建设是水渠、沟、机埠的建设，使其完善和配套，开展高标准农田建设。人为耕作活动包括冬闲田的深翻耕、开沟排水，湿润灌溉、节水灌溉、避雨栽培等。

（二）增施有机肥，不断培肥地力

施用有机肥是土壤培肥持续利用的基础，据测算，种植粮食作物，每年每亩施用有机肥750kg可保持土壤肥力不下降，要提高土壤肥力，每年每亩需施用1 000kg以上有机肥，经济作物随收获量提高还需施用更多。施用化肥一方面造成土壤养分失衡，另一方面造成土壤板结，合理配比应根据作物需肥量施用60%左右有机肥、40%左右化肥，可保持土壤肥力不减。有机肥源主要有3个方面：一是以田养田，冬作绿肥，冬闲田要充分利用种植绿肥、冬种田和三园采用套种绿肥，如油菜与紫云英混播，果园、茶园套种绿肥；秸秆还田，提倡秸秆全量还田，还田时采用粉碎、加秸秆腐熟剂、氮肥等加快腐熟，提高利用率；二是农家肥，畜禽栏肥、人粪尿、菜籽饼、油茶饼、草木灰、有机阳光肥等，需腐熟后施入，三是商品有机肥，每亩使用300~500kg。

（三）推行水旱轮作

"充分用地，积极养地，用养结合"是耕地及标准农田质量提升的唯一途径。发展冬季作物，搭配一定比例的绿肥，对养地有积极作用。但长期绿肥连种，虽提供大量有机肥料，最终也会影响土壤质量。因此，应推行水旱轮作，冬季推广药材、油菜、小麦等旱作，通过冬作的干耕燥作对土壤冻融分化有积极一面，可促进土壤物理性质，化学性质的明显改善。科学用水，以水调节土壤中的肥、气、热。水稻要水又怕水，冬作怕水又要水，实行科学用水，充分发挥水的控制作用是夺取作物高产和提高土壤肥力的主要技术环节。

（四）推广测土配方施肥

根据土壤测试结果和作物的需肥状况，在合理施用有机肥的基础上，提出氮、磷、钾、中量元素和微量元素等肥料数量与配比，有针对性地补充作物所需养分，缺什么元素补充什么元素，需要多少补充多少，实现各种养分平衡供应，土壤各种养份平衡积蓄。

（五）深耕晒垡

冬闲田的翻耕晒垡，农田的深耕，有利于增加耕作层厚度和改善土壤物理性能。当前普遍存在手扶拖拉机的旋耕，只能翻耕起0~12cm深度的土层，长久下去耕作层变薄。因此，利用大型拖拉机采样铧犁式翻耕，一方面可深耕至20~22cm的土层，对耕作层较薄的地块可逐年增加其耕作层厚度。另一方面，它可以将一定深度的紧实土层变为疏松细碎的耕层，从而增加土壤孔隙度，以利于接纳和贮存雨水，促进土壤中潜在养分转化为有效养分和促进作物根系的伸展，可以将地表的作物残茬、杂草、肥料翻入土中，清洁耕层表面，从而提高整地和播种质量，翻埋的肥料则可调整养分的垂直分布。此外，将杂草种子、地下根茎、病菌、孢子、害虫卵块等埋入深土层，抑制其生长繁育，也是翻耕的独特作用。

第二节　安全农产品生产耕地管理建议

一、耕地土壤养分与农民施肥用药状况

磐安耕地土壤养分总体为中等水平，其中，70%左右有机质达中等或丰富水平，碱解氮为中上水平，磷大多数土壤为过量，钾总体缺乏。这与农民重氮磷轻钾习惯基本相符。

对磐安县主要农作物施肥情况进行调查，通过分析可得结论见表6-1。

表6-1　磐安县主要农作物肥料施用情况

名称	碳铵		尿素		磷肥		钾肥		复合肥		农家肥		商品有机肥	
	比例(%)	数量(kg/亩)	比例(%)	数量(kg/亩)	比例(%)	数量(kg/亩)	比例(%)	数量(kg/亩)	比例(%)	数量(kg/亩)	比例(%)	数量(kg/亩)	比例(%)	数量(kg/亩)
单季稻	65.2	43.05	79.2	17.82	67.3	29.39	5.4	7.9	33.5	27.16	33	1 250		
玉米	33.7	48.67	80.3	26.3	39.2	24.01	0.6	5	47.8	23.79	6.1	677.5		
白术	23.1	52.09	87.3	39.1	52.6	45.44	3.1	26.6	100	49.5	22.1	1 159.5		
贝母	44.4	50.3	74.1	20.02	58.5	42.01			77	23.07	13.3	1 662.8	17	49.78
茭白	79.4	48.59	79.4	25.92	73.5	44.4	8.8	10.7	64.7	29.18				
四季豆	20	45.62	95	25.13	52.5	35.4			87.5	28.4	35	1 243		
茶叶	8.9	68.04	75	50.5	7.1	28.65			46.2	41.72	3.5	420	2.4	235.7

备注：比例指施用该化肥品种的农户占调查农户的比例

单季稻一般施肥2~3次，耙面肥用碳铵、磷肥，分蘖肥、穗肥用尿素，钾肥用的比例很低，因此，碳酸氢铵、磷肥、尿素三者使用农户的比例达2/3以

上；农户用肥数量比较适宜的，亩氮8~12kg，磷4~6kg；肥料结构看，有1/3农户使用了农家肥或复合肥，注重培肥和平衡施肥，但大多数农民对氮、磷重视，钾肥是欠缺的，有的农户采用底肥一次性施入，降低了利用率。玉米施肥2~3次，苗肥1~2次，以氮肥或复合肥多，攻蒲肥以尿素为主，施肥时期应比较合理，其缺点是农家肥用的少，不利于土壤改良，从数量和结构看，氮肥偏多，亩用量11~15kg，而钾用的比例很少。药材白术、贝母农民施肥比粮食作物更加重视，一般施肥3~5次，花期亦要施肥，且注重氮磷钾配合，从调查看，77%以上农户施用了复合肥，20%以上的农户施用了农家肥或商品有机肥，施肥数量均偏高，一般都采用面上撒施，利用率相对低。茭白用肥数量氮在12kg以上，磷在6~8kg，数量尚适宜，由于本身茎叶留田多，有机肥用得少；茭白常年水生连作，土壤养分还原态多，结茭早迟与施肥有很大关系，其施肥模式下年重点探讨。四季豆生育时间短，但施肥次数也在3~4次，施肥数量每亩氮磷数量多数农户在20kg以上，为偏多。茶叶为调查作物中用肥量最大作物，亩用尿素50.5kg，使用复合肥的亩施41.7kg，新移植的一般要施用农家肥或商品有机肥。总的来说，农户对经济作物舍得投入，施肥量大。推广测土配方施肥技术后，不断提高农民科学施肥的意识，做到因土、因作物施肥，施什么、施多少、何时施逐步合理化，尤其推广配方肥，使农民的施肥结构趋于合理，减磷增钾付诸实施。今年在茭白区推广商品有机肥加配方肥，提高茭白抗病性，孕茭稍早，效益明显。

农民农药施用量也偏高，如水稻一季用药4~5次，用药200~300g（mL），主要是目前统防统治覆盖面还比较低，以一家一户防治为主，多数农民对病虫发生、防治适期掌握难度大，施药存在盲目性，施药器械落后，防治效果不理想。

二、过量施用化肥农药污染防治对策与建议

针对化肥农药污染具有非点源污染的特点，在防治上必须从资源综合管理和有效利用出发，从宏观和微观各方面入手，建立农用化学物质管理的法制体系，建立农业生态系统良性循环体系，减少资源浪费，控制农药化肥的污染。

（一）抓农业投入品管控

为确保高毒高残留农药不使用在蔬菜、中药材等农作物上，2001年，磐安县政府出台了磐政〔2001〕31号文件，全面停用甲胺磷、对硫磷等20种高毒农药，推荐替代农药，建立无公害农药销售专柜24家，实行专柜专卖。2009年，磐安县在浙江省率先停止经营使用呋喃丹、氧化乐果等国家限用农药，85家农资经营户全部向社会公开承诺停止经营、使用呋喃丹、氧化乐果等国家限

用农药。从 2013 年开始，推行所有限用农药实名销售承诺制。自 2014 年开始，全县不再经营和使用 17 种国家限制使用农药和乙酰甲胺磷等 3 种影响农产品质量安全和人畜安全的农药。

（二） 农资实现连锁经营和信息化监管

2009 年起，磐安县全面开展农资专项整治，建立县级农资连锁龙头企业+乡镇、村级连锁经营门店的经营网络，推行"统一进货、统一配送、统一价格、统一服务"的经营模式，将原 88 家农药门店撤销 17 家，确定连锁龙头企业 2 家、连锁加盟店 68 家、农药连锁经营率 98.59%。县财政每年安排专项扶持基金 20 万元。2014 年，全面完成农资经营网点的信息化平台建设工作。

（三） 发展生态循环农业

积极推广以猪沼种、农作物秸秆再利用、茭白田养鱼、田园养鸡、低化学品投入、资源节约利用等为主要内容的生态农业循环模式，减少农药化肥污染。

（四） 完善农产品的质量控制体系

建立完善农产品从生产到销售的质量可追溯的监控体系，严格控制污染农产品的生产和销售。

三、安全农产品生产管理建议

（一） 安全农产品基地选择

基地要进行耕地环境质量评价，选择周围无工业污染源，并通过测定土壤、灌溉水各项指标，表明无污染、无重金属超标，选择土壤肥力中上、灌溉水清洁的耕地作为安全农产品基地。

（二） 推行标准化生产

加大无公害农产品、绿色农产品、有机农产品生产技术标准推广力度，以提质增效安全为中心，开展生产人员安全生产培训，制作发放图文并茂的生产模式图，指导生产者科学合理使用肥料、农药。扶持新型经营主体规模化生产，也利于标准化推广。

（三） 农业投入品全程监管可追溯

农产品基地加强可追溯信息系统建设，对种子、肥料、农药及其他投入品均登记进入系统，加强肥料、农药检测，防止重金属超标的肥料，以及高毒、高残留农药施用，对规模基地建立检测室给予补助，每一批次基础农产品能开展定性检测，提高安全水平。

（四） 实施平衡施肥

一是有机肥和无机肥相结合；二是因土、因作物定肥料种类和数量，实现大量元素氮磷钾之间平衡，磐安县重点减磷增钾，大量元素和中微量元素之间要平衡，从磐安县土壤缺素情况看，重点是增镁、增硼、增钼；三是改进施肥方法，如看土施肥，砂性土少施、多次施，黏性前期施、适当重施，肥土少施轻施，瘦土多施重施；看肥施肥，根据肥料特性合理施用，有机肥底施全层施，化肥深施开沟施，氮肥看苗分基肥、追肥多次施，磷肥作种肥集中施；看苗施肥，旺苗不施，壮苗轻施，弱苗适当多施，苗期轻施，以速效肥为主，生长旺盛期重施。

（五）实行统防统治和绿色防控

扶持合作社、专业化主体开展统防统治，提高防效，降低用药量，并实现规范用药。推行绿色防控，采取物理、生物防治，如杀虫灯、诱虫板、性诱剂、防虫网等绿色防控设施，种植蜜源植物，保护天敌，通过合理轮作、健身栽培等措施，减少化学农药施用量。

第三节　耕地资源合理配置与种植业结构调整对策与建议

一、磐西南低山丘陵药、粮、菇、果综合利用区

该区域立地条件优、土壤质地以壤土为主，基础设施较完善，温光资源充足，是磐安县种植业发展优势区。目前，中药材产业主导产业突出，"磐五味"中贝母、元胡种植面积2.3万亩左右，占全县的90%以上，芍药、玄参、桔梗等其他药材近万亩，食用菌稳定在4 000万袋左右，生姜、西瓜也为主产地，近年大棚设施面积发展了5 000多亩，进行药菜轮作。当前主要问题是，经济作物发展快，粮食逐年减少，熟制上药—稻、药—甜玉米、药—菜等为主，温光资源利用不充分。

种植业结构调整建议：继续做大主导产业基础上，通过增熟制，扩大种粮面积，实现粮经双丰收，主要推广药—稻—稻、药/甜玉米—稻，旱地药/玉米/大豆，2016年在冷水白岩畈示范药/甜玉米—稻，全年三熟共收获粮食837.7kg，产值25 240.1元，扣除种子肥料农药等成本投入9 980元，得利润15 260.1元，实现"千斤粮万元钱"的目标，示范效果好。通过药稻水旱轮作，有利发挥土壤肥力，减少土壤病菌，降低农药使用量，稻草还田还可改良培肥土壤。对丘陵缓坡的旱地、山地主要发展立体农业、生态循环农业、休闲观光农业，发展蚕桑、四季水果、油茶等产业，在园地养鸡，鸡粪、蚕粪肥

地，利用桑枝条种植食用菌，食用菌废料还田培肥，菇果园发展采摘游休闲观光。

二、磐东、西边缘低海拔粮食生产功能区

该区域海拔低，温光资源充足，水利条件好，目前已建粮食生产功能区4 000多亩，核心区生产路进行了硬化，有利农机进出作业，渠道排灌畅通，有粮食生产专业合作社5家，开展机耕、机育、机插、统防统治、机收社会化服务，有2家企业开展生态大米加工销售。当前主要问题是冬季利用率不高，相当部分为冬闲田，由于粮价偏低，种粮效益不高。

种植业结构调整建议：继续稳定种粮面积基础上，冬季扩种一熟经济作物。粮食提高附加值，推广优质米品种，扶持2家大米销售企业做大做强，注册商标，扩大销路，带动农民增收。冬季消灭冬闲田，一是种植绿肥，除紫云英外，也可种植肥菜兼用的蚕豌豆、小萝卜，二是种植一熟黑木耳，黑木耳2016年已试种成功，其无需搭架保温，收后废菌棒还田又增加土壤有机质，三是种药材或蔬菜。

三、磐东北台地蔬菜、茶叶、水果种植区

该区域为高山台地，地势平坦，连片大畈多，阳光充足，昼夜温差大，利用与平原的季节差，积极发展高山蔬菜，其中，茭白达2.2万亩，茄子、四季豆0.5万亩。目前存在主要问题是由于茭白常年连作，冬季茭白田积水空闲，利用率不高，种粮面积小。

种植业结构调整建议：茭白和水稻、其他旱作轮作，茭白9月收后，利用茭白秸秆种一熟大球盖菇，第二年种水稻或茄子、四季豆等旱作，杂交水稻制种原是传统产业，目前对水稻制种国家有补贴，种子公司收购价也大大提高，其效益不亚于种蔬菜，但要求"五统一"，建议万苍的楼界、秧田坑、潘界，玉山的佳口、岭口等隔离条件好，可以恢复制种，与种子公司签订保底合同，确保收益。茶叶品质好，但采摘同低海拔地区比较迟，高端价格时间短，引进早熟品种搭配，增施有机肥和磷钾肥，提高抗寒能力，并做好春季防倒春寒工作。该区块景区多，旱地扩大小京生、玉山大红袍（赤豆）等小杂粮种植，山坡地发展猕猴桃、葡萄、杨梅、李，依托景区将采摘、观光、购土特产结合。

四、磐中南低中山药、菜、果区

该区山多地少，温光资源较差，封山育林后，植被逐年变好，山脚易受野猪、山兔为害，很难种好粮食，因此，山边地宜发展药材、水果，目前白术

1.5万亩，天麻0.3万亩，水果杨梅、猕猴桃已有优势，可进一步扩大，同时发展高山蔬菜、高山西瓜、迷你小番薯，销售与平原错开，能取得较好收益。

第四节　加强耕地质量管理的保障措施

一、建立、健全耕地质量监测体系和资源管理信息系统，实现耕地动态管理

（一）建立长期定位与动态相结合的地力监测体系

根据不同的地貌类型、不同土壤类型、不同种植结构等情况，在目前已建成的4个土壤长期定位监测点基础上，今后重点建设由耕地长期定位监测点和动态监测点组成的，覆盖全县主要土壤类型、耕作制度和种植模式的县域地力监测网络体系，同时整合各类农业项目和资源，尽快把土壤安全检测列入农产品安全检测重要环节，切实抓好耕地质量监测、检测与管理等配套技术规程和标准的制定工作，为指导合理施肥，稳定和提高耕地质量奠定扎实基础。

（二）完善耕地资源管理信息系统

以耕地地力与配方施肥信息系统为平台，在目前已经完成土壤图等部分成果数字化的基础上，积极争取项目扶持，尽快完成第二次土壤普查的各类图件、测试数据等所有成果的信息化工作。整合本次地力评价相关成果，尽快完成全县耕地长期定位监测点和动态监测点的上图入库，不断推进农田质量检测体系信息化工作，真正实现对农田地力和分布进行动态监测，实现对农田的空间分布、耕地地力定向培育的可视化、动态化和数字化管理。

（三）建立健全地力信息共享系统

通过改进、提高信息技术，优化耕地资源管理信息系统功能，不断充实、完善基础数据库，提高信息的开发利用效率，为调整、优化农业结构，发展区域性特色农产品产业带，建立无公害农产品基地，发展绿色、有机农产品提供科学依据。

（四）建立土壤质量预测预报系统

在研究土壤障碍诊断指标的基础上，根据不同情况，设立土壤质量监控点，分析土壤理化性状和土壤环境变化趋势，预测预报土壤障碍、土壤污染的发生、发展，先期提出预警报告，及时为农业生产提供针对性的治理、预防措施和改良、培肥土壤的指导意见。

二、实行最严格的耕地保护制度，守住国家耕地红线

实行最严格的耕地保护制度，认真执行《中华人民共和国土地法》、《中华人民共和国农村土地承包法》等法律规章，杜绝非法占用耕地，严格控制在耕地上种植经济林木，禁止扩大挖塘养殖。我县根据省政府下达的永久基本农田保护任务，于2015年对各乡镇土地利用总体规划空间布局进行了调整完善，在2012年基本农田划区定界的基础上重新调整划定了新一轮的永久基本农田保护区和基本农业田示范区。共划定永久基本农田保护区片块4 044片，面积17.5万亩，保护率达到80.3%；其中永久基本农田示范区面积4万亩，安装乡级保护牌和示范区保护牌19块，村级保护牌366块，县政府与各乡镇签订基本农田保护责任书19份，乡镇与村签订基本田责任书366份，发放农户保护卡64 127本，实地埋设界桩1 450个。完善了基本农田保护管理制度，建立耕地奖补长效激励制度，每年每亩奖补70元，有效落实耕地保护共同责任机制，使承担耕地保护任务的农村集休经济组织和农户能从保护耕地和保护永久基本农田中获得长期稳定的收益。同时建立了基本农田保护数据库和"两网化"巡查等县、乡镇、村立体保护网络，促进我县耕地和基本农田得到有效保护。

三、重视耕地质量建设投入，提高耕地综合生产能力

建立政府导向性投入与农民投入相结合的投入机制，研究制定有关扶持政策，建立合理的资金分级负责制度，县级财政资金主要用于推广先进耕地质量提升技术和重点环节的补贴，示范耕地建设等。农民的投入用于耕地及标准农田长期培肥及养护。政府应加大支农惠农资金投入，积极实施商品有机肥补贴施用，标准农田质量提升工程土壤培肥项目等关于耕地质量提高的公益性事业工程。因此，多渠道争取资金，加大对耕地质量建设的投资力度，努力保护、改善耕地质量，提高耕地综合生产能力，是增强农业竞争实力的重要途径。重点在以下方面增加投入。一是采取工程、生物、农艺等综合措施，开展标准化农田建设，改造中低产田，减少劣质耕地。二是大力实施"沃土工程"。推广各类商品有机肥、新型优质高效肥，推广秸秆还田等地力培肥和平衡施肥技术，扩种肥、饲、菜兼用绿肥新品种，保护土壤肥力，改善生态环境。三是结合特色农产品、无公害农产品、绿色食品等基地建设，开展地力监测和耕地环境质量评价，为保养耕地和治理环境污染提供科学依据。

专题报告一

磐安贝母产区耕地评价与可持续利用探究

第一节　磐安中药材产业概况

磐安中药材的种植历史及产业地位

中药材是磐安县最具优势的传统特色产业，自宋代以来，磐安白术、元胡、玄参、白芍、玉竹就一直被世人所称道。得天独厚的自然条件十分适宜中药材生长，被誉为"天然的中药材资源宝库"。大盘山自然保护区是全国唯一以中药材种质资源为主要保护对象的国家级自然保护区，全县有家种和野生中草药 1 219种，种植面积 8 万余亩，著名"浙八味"中的白术、元胡、浙贝母、玄参、白芍等五味道地药材盛产于此（俗称"磐五味"），白术、元胡、浙贝母、玄参、天麻的产量居全国之首，是全国最大的中药材主产区，1996 年，磐安县被命名为"中国药材之乡"。2016 年，"江南药镇"被确定为浙江省首批特色小镇。依托基地，先后建设了"新渥中药材市场""磐安特产城""浙八味特产市场磐安中国药材城"，市场规模不断广大，药材经营户 914 家，临时购销户 3 000 多户，建成了辐射全国的销售网络。"浙八味特产市场"是目前华东地区规模最大、设施最先进的中药材交易市场，是第二批浙江省现代服务业集聚示范区。

贝母是磐安第一大中药材品种，种植主要集中在磐西南的深泽、新渥、冷水、仁川、双峰等好溪流域乡镇，耕地面积 33 342亩，2017 年种植浙贝母种植面积 1.3 万亩左右，产量 3 315 t，产值 2.65 亿元，浙贝母种植地域限制性强，在磐安县内仅好溪流域，在全省也就东阳、鄞州几个县市，特定的土壤环境和气候条件造就了道地药材，反过来土壤环境改变也必定影响贝母的产量和品质，因此，研究贝母产区的土壤特性与贝母生长特性的关系甚为必要，当前土壤环境对贝母产量、品质有何影响，利用本次耕地地力评价成果指导产区耕地地力提升，促进土壤可持续利用，推进浙贝母规范化种植，对进一步发挥道地药材优势、做大做强贝母产业具有深远意义。

第二节　贝母耕地地力评价方法

项目专门组建了课题专题组，分农户调查、室外田间试验、土壤和贝母取样室内检测、地力评价等 4 个小组开展工作。其评价主要方法如下。

一、农户施肥状况调查

调查种植贝母农户施肥种类、数量、方法，分析当前施肥状况对土壤质量和贝母品质的影响。

二、田间肥效试验

通过对贝母施用有机肥，氮、磷、钾不同配比，配方肥校正等肥效试验，以及不同种植模式试验，提出较佳种植模式和贝母科学施肥方法。

三、耕地地力评价

通过对产区土壤取样，检测理化性状、土壤主要养分等，加上立地条件，田间基础设施情况共 14 项指标，对耕地开展地力评价，分析存在问题，提出今后提升对策和建议。

四、贝母重金属安全性评价

对产品八大重金属含量进行检测，分析其是否超标，评价其安全性。

第三节　贝母耕地地力评价结果

一、农户施肥状况

2009 年，农户调查小组分赴 5 个乡镇，抽取调查了 107 户种植贝母农户的施肥情况，包括施肥品种、数量、方法等，各类肥料施用数量和使用农户比例见表 8-1，其中，碳酸氢铵有 44.4%农户使用，平均亩用量 50.3kg，最高用量 100kg，尿素有 74.1%农户使用，平均亩用量 20.02kg，最高用量 60kg，磷肥有 58.5%农户使用，平均亩用量 42.01kg，最高用量 100kg，钾肥有 0.5%农户使用，平均亩用量 5.5kg，最高用量 8kg，复合肥有 77%农户使用，平均亩用量 23.07kg，最高用量 90kg，农家肥有 13.3%农户使用，平均亩用量 1 662kg，最高用量 5 000kg，商品有机肥有 17%农户使用，平均亩用量 49.78kg，最高用量 300kg。以复合肥使用比例最高，以钾肥使用比例最低（附表 1-1）。

附表1-1 磐安县贝母肥料施用情况

碳酸氢铵		尿素		磷肥		钾肥		复合肥		农家肥		商品有机肥	
比例 (%)	数量 (kg/亩)	比例 (%)	数量 (kg/亩)	比例 (%)	数量 (kg/亩)	比例 (%)	数量 (kg/亩)	比例 (%)	数量 (kg/亩)	比例 (%)	数量 (kg/亩)	比例 (%)	数量 (kg/亩)
44.4	50.3	74.1	20.02	58.5	42.01	0.5	5.5	77	23.07	13.3	1 662.8	17	49.78

按上述用量，换算成主要养分投入为：纯氮14~18kg、磷肥（P_2O_5）10~13kg，钾肥（K_2O）4~5kg，氮磷钾之比为1：0.73：0.3，贝母属于鳞茎类作物，需钾量较高，从施肥现状来看，钾明显不足。

二、田间试验

（一）贝母3414试验

2009年，新渥陈有德户3414肥料试验，试验田土壤为砂壤土，肥力水平中等，2水平氮、磷、钾用量分别为12kg、10kg、8kg，试验效果如下（附表1-2）。

附表1-2 2009年浙贝母3414肥料试验结果表

序号	处理	N	P	K	产量（kg/亩）
1	$N_0P_0K_0$	0	0	0	444.5
2	$N_0P_2K_2$	0	10	8	525.9
3	$N_1P_2K_2$	6	10	8	663
4	$N_2P_0K_2$	12	0	8	640.8
5	$N_2P_1K_2$	12	5	8	711.1
6	$N_2P_2K_2$	12	10	8	722.3
7	$N_2P_3K_2$	12	15	8	663
8	$N_2P_2K_0$	12	10	0	640.8
9	$N_2P_2K_1$	12	10	4	707.5
10	$N_2P_2K_3$	12	10	12	707.5
11	$N_3P_2K_2$	18	10	8	740.8
12	$N_1P_1K_2$	6	5	8	644.5
13	$N_1P_2K_1$	6	10	4	663
14	$N_2P_1K_1$	12	5	4	692.6

经对试验数据的分析和边际产量的求解，得到试验回归方程：

$Y = 444.5 + 17.7x_1 + 25.52x_2 + 8.37x_3 - 0.80x_{12} - 1.39x_{22} - 1.29x_{32} - 0.09x_1x_2 + 1.18x_1x_3 - 0.17x_2x_3$

并得出中等肥力的浙贝母最佳施肥方案为纯氮 17. 19kg、磷肥（P_2O_5）7. 1kg，钾肥（K_2O）11. 41kg，该施肥方案种植的浙贝母亩鲜产最高为 756. 4kg，比农户常规施肥区的 674. 1kg，增产 76. 6kg，增幅 11. 37%。另外，在浙贝母栽培中增施硼砂、硫酸锌和硫酸镁各 0. 5~1kg，均有增产效应，并可适当降低氮肥用量。

（二）氮磷钾效应试验

2010 年，试验安排在新渥祠下陈有德户，设 4 个处理：不施肥（CK）、施氮肥、施磷肥、施钾肥，试验结果如附表 1-3。

附表 1-3　氮磷钾效应试验

项目	株高（cm）	茎鲜重（g/株）	叶鲜重（g/株）	叶面积（cm²/株）	根鲜重（g/株）	鳞茎鲜重（g/株）	增产（%）
CK	25. 8	4. 6	11. 7	598	9	23. 9	—
N	30. 4	7. 6	16. 4	1 102	13. 4	40. 9	71. 1
P	26	4. 8	13. 1	685	10	23. 9	0
K	26. 4	6. 1	13. 2	910	13. 9	31	29. 3

试验表明：贝母对氮需要量大，缺氮叶小窄，向上竖起，植株矮，茎内纤维多呈硬性，提早枯死，鳞茎变小，高氮（每平方尿素 56. 22g 以上），抑制贝母茎秆发育。缺钾后期植株早衰，产量下降一成以上。随着贝母生长，需钾量越来越大。贝母苗期应增施氮钾肥，以促进地上部分生长，中后期适当增施速效磷钾肥，以促进鳞茎膨大（见附表 1-4）。

附表 1-4　贝母各生育期氮磷钾比例

时期	含氮量（g/株）	含磷量（g/株）	含钾量（g/株）	N：P_2O_5：K_2O
苗期	0. 262	0. 046	0. 216	1：0. 18：0. 83
盛花期	0. 136	0. 054	0. 358	1：0. 17：1. 13
后期	0. 322	0. 065	0. 402	1：0. 2：1. 25

（三）磷肥减量试验

2011 年冷水镇白岩村曹寿天户进行了磷肥减量增效试验，试验田有机质 24. 3g/kg，碱解氮 134. 5g/kg，有效磷 116g/kg，速效钾 95g/kg，pH 值 5. 7，肥力为中等水平，磷含量已过量，试验在常规施肥基础上减少磷肥施用量，设 3 个处理，每处理 60m²，结果如下（附表 1-5）。

附表1-5 磷肥减量增效试验

处理	施肥量	小区产量（kg）	亩产（kg）
空白	不施肥	19	211.1
常规区	基肥：菌菇废料80kg、磷肥7.5kg 腊肥：碳铵2kg、过磷酸钙2kg 苗肥：45%复合肥1kg	26	288.9
减磷区	基肥：菌菇废料80kg、磷肥5kg 腊肥：45%复合肥1.5kg 苗肥：45%复合肥2kg	26.5	294.5

从附表1-5可见，减磷区氮磷钾投入为：0.375：0.975：0.375，比常规区投入0.49：1.29：0.15，氮磷钾分别减23.5%、减24.4%、增150%情况下，亩产增5.6kg，增1.9%。试验结果表明，比常规施肥氮磷减少1/4左右对产量没有影响，且亩投入减少13.3元，起到减肥增效的效果。另外空白区的产量为施肥区产量的73%，说明施肥效应较好。

（四）贝母有机肥不同品牌不同用量试验

2011年，新渥祠下陈有德户有机肥不同品牌和用量试验，设9个处理：①空白不施有机肥；②圣能牌100kg/亩，施后放籽盖土，表面盖草；③笑乐牌100kg/亩，施后放籽盖土，表面盖草；④圣能牌200kg/亩，施后放籽盖土，表面盖草；⑤笑乐牌200kg/亩，施后放籽盖土，表面盖草；⑥圣能牌300kg/亩，施后放籽盖土，表面盖草；⑦笑乐牌300kg/亩，施后放籽盖土，表面盖草；⑧圣能牌200kg/亩，施后混泥后放籽盖土；⑨圣能牌200kg/亩，放籽盖土后施表面。试验随机排列，设2个重复，每小区面积15.4m²（14m×1.1m），每小区贝母籽8kg，行株距为8~10cm见方，除有机肥不同外，其他化学肥料和管理相同。

生长期间植株表现，3月初检查，使用有机肥的小区出苗早，叶片丛生，小苗比未施用处理苗明显长势旺。收获产量如附表1-6。

附表1-6 贝母有机肥不同品牌不同用量试验产量

处理	小区产量（kg）		平均产量（kg）	亩产（kg）	比CK增减（%）
	I	II			
1（CK）	12.1	12.5	12.3	532.5	/
2	12.8	12.9	12.85	556.3	4.5
3	13.4	13.2	13	562.8	5.7
4	13.4	13.5	13.45	582.3	9.3
5	13.2	13.8	13.5	584.4	9.8
6	13.5	13.2	13.35	578	8.5

（续表）

处理	小区产量（kg）		平均产量（kg）	亩产（kg）	比CK增减（%）
	I	II			
7	13.6	13.3	13.45	582.3	9.3
8	13.9	14.5	14.2	614.7	15.4
9	12.4	12.7	12.55	543.3	2

从表中可见，施用商品有机肥增产效果较显著，试验当年贝母虽遭受冻害，总体产量偏低，但施用商品有机肥比不施用的均增产，增产幅度2%~15.4%，平均增产8.5%。施用商品有机肥前期根部生长较好，增强了抗寒、抗冻能力。

不同品牌效果来看，以"笑乐"牌商品有机肥效果较好，三种不同数量均比对应的"圣能"牌增产幅度大，前者平均增产8.3%，后者平均增产7.4%。

不同施用数量来看，亩用100kg平均增产5.1%，亩用200kg平均增产9.5%，亩用300kg天平均增产8.9%，从成本效益来看，以亩用200kg产投比高。

不同施用方法来看，采用底肥与土壤混合后，再放籽盖土最好，增产15.4%，有机肥不与种子直接接触，对贝母籽影响少，另外有利微生物菌活化土壤养分。采用放籽盖土后有机肥施表面，增产不显著，主要是日晒雨淋，养分流失，利用率低。

（五）草木灰施用试验

2010年，新渥大处陈春福户草木灰试验，设8个处理，不同用量和不同施用时期（见附表1-7），每小区面积20m²。

附表1-7 草木灰不同用量不同施用时期试验产量

施用方法	处理	小区产量（kg）	增产（%）
不同用量（出苗时施用）	亩施450kg	8.125	8.9
	亩施300kg	8.15	9
	亩施150kg	7.7	3
	0（CK）	7.475	/
不同施用时期（用量为250kg/亩）	12月上旬	8.65	17.3
	12月下旬	7.9	7.1
	4月上旬	7.7	4.4
	CK	7.375	/

从表可见，施用草木灰增产 3% ~ 17.3%，施用数量以亩施 300kg 就可，施用时期以 12 月上旬较好，在寒潮来临前吸收，起到抗寒目的。

三、耕地地力评价情况

该区域的 5 个乡镇二等田以上的比例，新渥、冷水为 100%，深泽、仁川为 99.7%，双峰为 92.8%。其分级情况见附表 1-8。

附表 1-8 贝母产区乡镇地力等级统计

乡镇名称	面积（亩）	百分比（%）	地力指数平均值	一等田（亩）	百分比（%）	其中二级田（%）	二等田（亩）	百分比（%）	其中三级田（%）	其中四级田（%）	三等田（亩）	百分比（%）	其中五级田（%）
冷水镇	6 198	3.4	0.738	15	0.2	0.2	6 184	99.8	96.8	2.9			
仁川镇	9 189	5	0.681	1	0	0	9 160	99.7	24	75.7	27	0.3	0.3
深泽乡	5 561	3	0.682				5 543	99.7	31.4	68.3	18	0.3	0.3
双峰乡	2 266	1.2	0.693				2 103	92.8	56.3	36.5	164	7.2	7.2
新渥镇	10 128	5.5	0.731	68	0.7	0.7	10 060	99.3	85.2	14.1			

说明该区域耕地地力为中等，提升潜力大。

土壤主要理化性状和养分状况如下：

（一）pH 值

pH 值在 3.8 ~ 6.5，变异幅度较大，其中 pH 值为 4.5 ~ 5.5 酸性的占 85.6%。

（二）容重

容重在 0.84 ~ 1.34g/cm³，其中 0.9 ~ 1g/cm³ 的占 74.8%，1.1 ~ 1.3g/cm³ 的占 19.1%，<0.9g/cm³ 占 5.6%，>1.3g/cm³ 占 0.6%，总体较好。

（三）阳离子交换量

阳离子交换量在 9.19 ~ 25.43cmol/100g 土，以 10 ~ 15cmol/100g 土为主占 78.8%，其次 15 ~ 20cmol/100g 土占 18.5%，总体为中等水平。

（四）有机质

有机质在 6.5 ~ 80.1g/kg，平均值 25.1g/kg，总体处于中等水平。

（五）碱解氮

碱解氮在 60 ~ 472mg/kg，其中 100 ~ 150mg/kg 占 79.1%，平均 135.58mg/kg，属丰富水平。

（六）有效磷

有效磷在 4.43～616.65mg/kg，平均 100.97mg/kg，变异幅度大，其中丰富水平的 35～50mg/kg 占 10.2%，25～35mg/kg 占 7.3%，18～25mg/kg 占 4.6%，极丰富水平的 >50mg/kg 占 76.1%，<18mg/kg 缺乏的仅 1.5%，总体为过量。

（七）速效钾

速效钾在 40.04～405.24mg/kg，平均 111.85mg/kg，总体为中等水平，其中 80～100mg/kg 占 20.1%，100～150mg/kg 占 45.8%，>150mg/kg 占 14.6%。

四、贝母重金属安全性检测

抽取各乡镇贝母 20 个样品，检测了贝母产品镉、汞、砷、铅、铬、镍、锌、铜等 8 种重金属含量，其中 7 种为未检出或含量很低，为合格，只有镉少部分样品超标。

第四节　贝母耕地地力评价结果分析

一、农户施肥状况分析

农户施肥状况调查表明，有 77% 农户使用复合肥，说明大多数农户注重氮磷钾配合，部分农户也注重农家肥和商品有机肥施用，应通过这几年测土配方施肥推广活动，进行技术培训，发放施肥建议卡，农民科学施肥意识增强，但另一方面也存在不平衡问题，农村养殖少了，农家肥少了，以前常用的优质草木灰由于禁止田间焚烧，现在已很少用，商品有机肥尚未补上，用量不足；二是磷用量普遍偏高，有的基肥用磷肥打底，腊肥又用过磷酸钙，总用量达 200kg，单独钾肥很少农户使用。从贝母 3414 肥料试验来看，氮磷钾之比为 1:0.4:0.6，与目前施肥状况比，磷用量超 1 倍，而钾仅最佳用量的一半。但产地农民普遍重视有机肥施用和秸秆覆盖，一定程度上弥补了化肥超量的不足。

二、田间肥效试验分析

通过田间肥效试验，农户施肥状况与贝母一般需肥量对比，氮基本满足，磷超量，钾远不能满足，见附表 1-9。

附表1-9 农户施肥与贝母需肥对比

项目	N	P_2O_5	K_2O
农户施肥状况	14~18	10~13	3~5
贝母一般需肥量	17.2	7.1	11.4
差异	-1	4	-7

由于养分元素之间存在颉颃，主要养分不平衡带来某些微量元素的缺乏，如磷过量易缺锌、铁、镁，氮过量易缺钙、硼。这也是增施微量元素增产的机理。

磷肥减量增效试验反映土壤有效磷充足，减施或不施磷肥，既降低成本，又提高产量，从贝母植株各个生育阶段的含量分析，磷含量最低，所以需要量也最少。

有机肥不论何种品牌，均能增产，是其营养元素全面，又改良土壤，但肥效分解吸收慢，因此，要基施，全层均匀施。

三、耕地地力评价分析

新渥、冷水一带位于磐安县低丘缓坡，海拔300m左右，畈田沿好溪流域分布，立地条件好，田间路渠基础设施完善，土壤质地以砂壤土为主，土地利用充分，农民肥料会投入，当前存在问题为有机无机搭配不合理，土壤酸化强，因此耕地总体地力评价为三级，地力提升空间也大。

浙贝母生长要求条件：浙贝母喜温暖湿润的海洋性气候，不适宜高温干燥的环境，稍耐寒。贝母根生长的适宜温度为7~25℃，以15℃最宜，下种后，年内只长根不出苗，翌年早春地温6~10℃时，幼芽开始出土，当气温17℃左右时，地上部生长迅速。超过20℃时，生长趋缓。气候低于4℃或高于30℃时停止生长，浙贝母要求充足阳光，生长期搭棚遮阴要比正常生长情况下的产量下降30%~50%。浙贝母要求土壤湿润，忌干旱又怕涝，在其整个生长周期中对土壤水分的要求有所不同，出苗前略干，盛长期需水量较大，越夏鳞茎的土壤含水量要控制在20%以下。

贝母对土壤要求比较严格，贝母宜选择海拔稍高的山地，土质疏松肥沃，含腐殖质丰富的砂壤土，这种土壤应是"抓起成团，放之即散"；要求排水良好，阳光充足，一般都分布在近山沿溪河一带的冲积地处。黏性土壤不宜种贝母，特别不宜作留贝母种子地，因黏性土壤容易积水或透水不良，造成鳞茎腐烂。据试验，在直径小于0.01mm的土粒占40%左右的土壤中，鳞茎每年都有不同程度的腐烂。作商品生产的浙贝母地块，当年初夏对土壤质地的要求可放宽些，虽然要求砂质壤土，如砂性过大，含砂在60%以上，保肥保水能力差，也不能满足贝母耐高肥的要求，生长同样受到影响，土层深度在40~50cm以上，才能满足其根系发育和鳞茎膨大的要求，土层过浅，植株生长不良，会提早枯萎。贝母要求微酸性或中性土壤，在pH值5~7的土壤生长较好，pH值3以下停止生长。

　　因此，磐安县好溪一带的气候条件与土壤特性与浙贝母生长要求条件相符，这是贝母能稳定发展、成为道地药材的主要原因。但部分地块，化肥尤其氮肥、磷肥施用多，造成土壤酸化、板结或缺素，贝母产量下降，或易腐烂，甚至不能种植，需要易地换种，土壤变性是主要原因之一。通过耕地地力评价，为贝母产地可持续发展提供依据。

四、贝母重金属安全性分析

　　对贝母产品镉超标原因分析，经土壤重金属含量比对，土壤中含量均很低0.2mg/kg，而贝母产品高，分析原因主要为强酸性的土壤，可见贝母在强酸性土壤中对镉有富集作用。据研究，强酸性土壤浙贝母对镉的富集系数为150%，而微酸性或中性土壤富集很低，因此，通过改良土壤酸性可显著降低浙贝母的镉含量。

第五节　地力可持续利用探究

一、实施标准化生产

　　受"回归自然"的潮流影响，中药材逐步被世界认可，中药产业发展也越来越重视，浙贝母发展前景良好。磐安洁净无污染的生态环境具有发展中药材GAP基地的诸多优势，按照《中药材生产质量管理规范》，联盟标准推行标准化生产，加强社会化服务体系建设，加强培训和生产指导，努力培养一批精通中药材标准化生产技术的乡镇技术人员、种植大户、科技示范户、药农；加强流通服务，努力架起国内外医药企业与中药材生产基地的桥梁，实行产销对接，以销带产，推动中药材生产集约化；发展多种形式的专业合作社，组织农户、企业、运销大户、技术部门结成利益共享、风险共担、优势互补、协调发展的合作发展机制，进行订单化种植、规范化生产、规模化加工、集约化经营，健全、壮大中药材产业链。使浙贝母标准化生产率达到70%以上。

加强舆论宣传，强化技术培训，使户均一个药农能掌握标准化生产的要求，通过田间指导，组建区域合作社，按照浙贝母标准化生产技术规程，在施肥、病虫防治等关键环节开展社会化服务，提高技术到位率。计划通过 5 年实施，浙贝母标准化生产率由当前 20% 提高到 70% 以上，浙贝母的产量比当前提高 20% 以上，道地药材的品质进一步呈现，市场份额占有率提高 20% 以上，农民从药材中收入提高 30% 以上。

二、加大财政投入

引导农民进行耕地地力建设和实施标准化规范化生产，财政对农民种植绿肥、施用一定数量的农家肥和商品有机肥给予每亩 100~200 元的补助，对土壤酸化进行改良的，改良剂给予补助，对合作社为实施标准化生产开展社会化服务的按服务面积给予每亩 50 元左右的补助等。

三、实施沃土工程

主要措施有种植绿肥，要求年度间培肥和利用轮换；秸秆还田，后熟种玉米和水稻的秸秆 70% 以上要求还田，充分利用种香菇废菌棒是还田的好材料来增施有机肥，推广鸡粪、羊粪等经腐熟后施用的优质有机肥。

四、做好土壤酸化改良

对 pH 值 6.0 以下的土壤都要进行酸化改良，亩施用生石灰 50~70kg 或白云石粉 150~200kg，要求耕田时施用，使全层土壤均匀混合，对酸性强的连续多年施用，直至 pH 值调整到 6.0 以上。每年进行酸碱性变化情况测定，适时调整改良剂，在施肥品种上选用中碱性的肥料，如用钙镁磷肥代替过磷酸钙，石灰氮替代部分氮素肥等。

五、实施测土配方施肥

每年播种前抽取土壤化验，制定合理配方，做到因缺补缺，根据产区的土壤养分状况和贝母需肥特性，当前总体"稳氮减磷增钾"，推荐用量和施肥时期为，基肥（10 月）：有机肥 300~400kg、硫酸铵或石灰氮 20~25kg、磷肥 15~20kg、硫酸钾 8~10kg，锌、硼肥各 1kg；腊肥（12 月下旬）：商品有机肥 200~300kg、硫酸铵 10~15kg、硫酸钾 5~8kg，种时未覆盖的用栏肥或稻草或废菌料 1 500~2 000kg 进行覆盖。苗肥（2 月上旬）：尿素 4~6kg；花肥（3 月下旬摘花后）：尿素 2~3kg 冲水施。

六、实行水旱轮作

推广贝母/西瓜—稻、贝母/甜玉米-稻等高产高效模式，通过贝母稻水旱轮作，有利发挥土壤肥力，减少土壤病菌，降低农药使用量，稻草又为贝母覆盖保暖保湿提供了充足的原料。

专题报告二

磐安茶叶主产区
地力评价与改良利用建议

第一节　磐安茶叶产业概况

一、磐安茶叶的种植历史及产业地位

（一）历史悠久

磐安产茶历史悠久，早在唐代，在境内大盘山一带采制的"婺州东白"即被列为贡品；始建于宋、重修于清的磐安玉山古茶场，是国内幸存的、唯一的古代茶叶交易市场，被誉为中国茶文化的"活化石"，2006年5月被国务院列为国家重点文物保护单位，是茶叶产业中唯一的"国保"单位。为感激玉山茶神——许逊的恩德，当地茶农每年春社（农历正月十四）、秋社（农历十月十六）都要举行祭祀活动，形成了一个以茶为主题的民俗文化活动——"赶茶场"，2008年6月，"赶茶场"国务院公布为第二批"国家非物质文化遗产保护名录"。2006年6月，时任浙江省委书记习近平亲临视察，品云峰茶后赞其"回味甘甜"，并拨款修缮古茶场。

（二）产业地位

茶产业是磐安县传统农业支柱产业，也是当地农民的主要经济来源。通过茶树良种化、产品名优化、加工机械化、销售品牌化，有效推动了磐安茶产业发展，到2017年底，全县茶园总面积为7.96万亩，总产量2 237 t，总产值1.9亿元，受益8万多农民。其中，重点茶叶产区占农民人均收入的50%以上。磐安云峰茶自20世纪80年代创制成功以来，先后荣获省部级金奖46次，是"浙江名茶""全国名茶""文化名茶"。2001年"磐安龙井"被列入龙井茶原产地地域保护范围，2002年被授予"中国磐安生态龙井茶之乡"称号。并先后被命名为"中国名茶之乡""中国茶文化之乡"。2016年被评为"中国十大生态产茶县"。

二、磐安茶叶的地理分布

磐安茶叶主要分布在磐安北部的尚湖、万苍、九和、尖山、玉山、胡宅等乡镇。安文镇、仁川镇、方前镇、双溪乡、窈川乡等也有分布（附图2-1，彩版见后）。

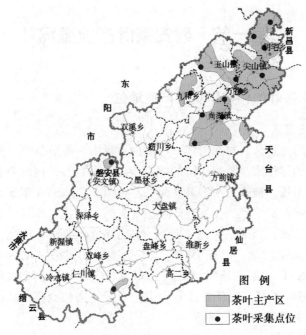

附图2-1　磐安县茶叶主产区分布图及样品采集点位

第二节　磐安茶叶主产区地力评价

一、自然地理及气候条件

磐安地处浙江中部，是天台山、会稽山、括苍山仙霞岭的结合部，钱塘江、瓯江、曹娥江、灵江四大水系的主要发源地之一。素有"群山之祖、诸水之源"之称。全县森林覆盖率达80.1%，水质、大气环境质量常年保持一级标准，有"天然氧吧""浙中承德"的美称，是首批国家级生态示范区，全国生态县。主要产茶区海拔都在500m以上，而相对高差又不大的缓坡地带，云雾缭绕，昼夜温差大，漫射光多，气候温和，雨量充沛，土壤肥沃，良好的生态环境和适宜的气候、水质、土壤等条件，为茶叶发展提供了先决条件。全县山地、林地资源丰富，适宜发展良种茶园的面积30多万亩。

二、地质背景及地形地貌

磐安茶叶主产区地处磐安县境内东北台地，省道磐新线（县道尚尖线重合）、怀万线纵贯全境，将尚湖镇、万苍乡、玉山镇、自然连成一体，交通便利。平均海拔500多米，相对高度一般不超过150m，坡度平缓，畈田较多，有"山区小平原之称"。台地属亚热带季风气候区，年平均气温15.1℃，无霜期230天，年降水量1 500mm，昼夜温差大，有典型高山台地小气候，台地主要种植茶叶和高山冷水茭白等。首批省级农业综合园区——磐安县玉山台地现代农业综合区也位于此。茶树一般种植在坡度稍平缓的低山或者低山与冲积平原交界处。

台地中部以第三系嵊县组玄武岩夹泥岩、粉砂岩、砂砾岩周边以白垩系下统西山头组流纹质晶屑玻屑熔结凝灰岩为主，局部出露白垩系下统九里坪组酸性熔岩和茶湾组凝灰质砾岩—粉砂岩—沉凝灰岩，由于受丽水-余姚深断裂带影响，第三纪玄武质成分沿断裂带上侵，导致区内西山头组火山碎屑岩中混入较多的玄武质成分。玄武岩易风化，土壤肥沃，土层深厚。

三、茶园土壤地力调查状况

（一）土壤五项基本指标分析

2015年，据对茶园44个点土壤肥力检测，平均数值为：pH值为4.4，有机质为29.4g/kg，碱解氮151.7mg/kg，有效磷39.1mg/kg，速效钾85.9 mg/kg，均低于全县平均水平的pH4.9，有机质30.3mg/kg，碱解氮164.5 mg/kg，有效磷126.8mg/kg，速效钾145.6mg/kg，说明茶区土壤总体肥力不高、酸性强。尤其有效磷磐安县药材产区是远远超标，几年不需施，而茶园相当部分还缺（附表2-1）。

附表2-1　茶园地和全县耕园地土壤肥力性状比较

区域	取样点（个）	pH值		有机质（g/kg）		水解氮（mg/kg）		有效磷（mg/kg）		速效钾（mg/kg）	
		值区间	平均值	值区间	平均值	值区间	平均值	值区间	平均值	值区间	平均值
茶场区	44	4.1~5.2	4.4	15.6~46.6	29.4	85.2~359.3	151.7	6.7~145.1	39.1	29~212	85.9
全县	315	4~6.7	4.9	8.3~58.7	30.3	19.5~475.2	164.5	2.6~485	126.8	26~432	145.6

茶叶是喜酸怕碱嫌钙的作物，石灰质含量小于0.2%，喜深、肥、松、怕浅、瘠、硬。一般茶叶生产对土壤要求为：立地条件为25°以下缓坡地，排水

透气性能良好，土壤深厚 60cm 以上，pH 值为 4.5～5.5，有机质 20g/kg 以上，碱解氮 120mg/kg 以上，有效磷 20mg/kg 以上，速效钾 100mg/kg 以上。据此对照，玉山台地立地条件、土层厚度均较符合，其他五项指标 2/3 左右能达到，而有 1/3 以上地块达不到上述标准。

其总体肥力较低的原因：一是茶园多在山坡地，交通不便，农民用肥要担挑肩背，投工投劳强度大，影响肥料投入，尤其有机肥，以前有的基地肥料全额补贴，业主还不愿施，因为用工大；化肥以尿素等氮肥为主，磷钾肥用得少。据 2010 年全县主要农作物用肥调查，100 多户茶叶用肥调查，68.1% 的农户施用碳酸氢铵，平均亩用量 8.9kg，55% 的农户施用尿素，平均亩用量 75kg，28.6% 的农户施用磷肥，平均亩用量 7.1kg，施用钾肥的农户为 0，41.7% 的农户施用复合肥，平均亩用量为 46.2kg，3.5% 的农户施用农家肥，平均亩用量为 420kg，7.4% 的农户施用商品有机肥，平均亩用量为 235.7kg。从数据可看出，对氮肥农户普遍重视，施用有机肥的仅个位数，且用量不多，幸喜的是近半数施用复合肥，注重氮磷钾配合。二是肥料利用率相对低，因为地处坡地的茶园，肥料易流失，且许多农户尿素、复合肥均采用撒施，造成流失或挥发。

（二）土壤中微量元素分析

根据浙江省地质调查院调查结果，微量元素铜、锌为丰富或极丰富水平，铁、锰为极丰富水平，而普遍缺硼和钼。从不同母质类型分析，氧化物 Si、Na、K 酸性火山岩风化物高于基性火山岩风化物，而 Ca、Fe、Mg 等基性火山岩风化物高于酸性火山岩。而茶叶喜高 Si、K 低 Fe、Al、Ca、Mg、Mn 的土壤，因此，酸性火山岩更有利于茶叶的品质提升（附表 2-2）。

附表 2-2　不同母质类型表层到母质层的元素平均含量

母质类型	CaO	MgO	TFe_2O_3	Cu	Zn	Mn	B	Mo	SiO_2	Se
酸性火山岩	0.21	0.50	3.78	8.34	53.65	413.73	18.50	0.41	72.35	0.23
基性火山岩	0.33	0.80	15.69	99.95	139.13	1907.23	36.07	1.70	57.45	0.33

注：表中氧化物含量单位为%，其他为 mg/kg

（三）土壤中重金属元素分析

不同母质类型的重金属含量见附表 2-3，根据《土壤环境质量标准》（GB 15618—1995），茶园土壤的环境质量均达到一级标准，是磐安优质茶的生产基础。

附表 2-3　不同母质类型表层到母质层的元素平均含量

母质类型	Cd	Hg	As	Pb	Cr
酸性火山岩	108.3	39.00	3.80	29.43	13.40
基性火山岩	166.3	53.33	2.63	19.93	169.83

注：表中单位为 Cd、Hg 含量单位为 μg/kg，其他为 mg/kg

（四）磐安茶叶元素化学特征

附表 2-4　不同类型母质上茶叶中元素含量

母质类型	无机 As	Hg	Cu	Pb	Zn	Cd	Cr	Ni	B	Se
酸性火山岩风化物	0.029	7.39	14.22	0.83	57.19	30.33	0.47	7.40	16.33	70.64
基性火山岩风化物	0.024	6.39	15.85	0.90	50.03	27.75	0.83	14.68	16.32	62.97

母质类型	P	Si	K	Na	Ca	Mg	Mo	Mn	Fe	F
酸性火山岩风化物	0.63	456.4	1.95	52.39	0.26	0.20	0.22	949.2	173.4	45.66
基性火山岩风化物	0.64	754.0	2.01	48.81	0.27	0.19	0.19	1 102.5	336.9	58.62

注：表中 Mg、K、Ca、P 含量单位为%，Cd、Hg、Se 含量单位为 μg/kg，其他为 mg/kg

从附表 2-4 可以看出：重金属酸性火山岩风化土壤上生长的茶叶 As、Hg、Zn、Cd 高于基性火山岩上的。Cu、Pb、Cr、Ni 基性火山岩上的高。茶叶中的重金属含量高低与母质和土壤中重金属高低有所不同。

营养元素 Se、Na、Mo 含量酸性火山岩上的茶叶高于基性火山岩上的，Si、Mn、Fe、F 含量基性火山岩上的茶叶高于酸性火山岩。

茶叶中 K、P、Zn、Cu、Se、Mg、Mn 等有益元素含量一般与茶叶品质呈正相关关系，有益元素丰富、重金属元素含量较低对茶叶品质有利。总体而言，酸性火山岩风化物上茶叶的品质较基性火山岩上的优良。

（五）元素与茶品质

磐安茶区土壤多属酸性火山岩风化物，有益元素丰富，使得磐安茶具有上乘的内在品质。2007 年，农业部茶叶质量监督检验测试中心对磐安茶叶进行检测，结果显示，水浸出物含量高达 47%，比国家标准 36% 高出 11 个百分点，铅含量 0.74mg/kg，远低于国家无公害茶标准 5mg/kg。2012 年，金华市农业地质环境调查，茶样经中国茶科所农产品质量监测检验中心测定，茶叶中水浸出物达 44%～47%，咖啡碱 3%～4%，酚氨比 2.5%～3.7%，茶多酚 14.6%～21%，游离氨基酸 4.7%～7.4%，尤其磐安云峰茶中游离氨基酸达到 7.40%，远高于浙江同类地质背景名茶中游离氨基酸 5.0% 和全国名茶中游离氨基酸最高 6.5% 的水平。

第三节　磐安茶园土壤改良利用建议

通过上述分析可知，磐安县茶园土壤总体肥力较低，尤其 1/3 以上土壤有机质含量低，缺磷少钾，酸性强，大多数土壤微量元素硼、钼缺乏。要实施改良，促进可持续利用。

（一）提高土壤有机质含量

一是增施商品有机肥，由于近年农家肥减少，且其体大量重，运输、送肥不便，目前商品有机肥政策补助力度大，大力提倡施用商品有机肥，对有机质含量低于 20mg/kg 的，亩施用 1 000kg 以上，可逐年增加土壤有机质，一般可施 500~750kg，保持土壤肥力不降，有机肥要求 9—10 月冬季前施入，并开沟深施。为节省劳力，对基地规划建设运输轨道，实现机器换人，输肥上山。二是种植绿肥，因施用有机肥投劳大，采用种植绿肥，就地还地是改良土壤的好方法，阴坡地保湿的可种植豆科绿肥，因其对土壤湿度有要求，阳坡地可种植黑麦草，播种选择雨后土壤墒情适宜时播种，以利出苗，播种期紫云贡英 9 月中下旬，黑麦草 11 月上旬。第二年春天 3—4 月绿肥生长最旺时花前及时翻耕还地，压青作肥。三是秸秆还地或覆盖。秸秆覆盖还地保湿防草又肥地，可就近利用稻草或春季山边割树叶或青草，亩用量 2 000kg 以上，一般施肥后进行，防水土肥流失。

（二）土壤酸化改良

茶叶喜酸，一般 pH 值 4.5 以上不需酸化改良，但 4.5 以下，土壤板结的进行酸化改良，亩用含硅、钼的土壤调理剂 50~70kg，要通过连续 3 年以上逐步改良，避免一次施用过多，出现部分过碱。

（三）测土配方施肥

通过测定土壤养分状况结合茶树的需肥特性制定施肥方案，施用相应的配方肥，实现精准施肥，提高肥料利用率。茶树的营养需肥有以下特点：

（1）氮需求较多　试验表明，成龄茶树对氮磷钾的适宜比例为 1：0.4：0.7，亩生产 100kg 鲜叶需纯氮 4~5kg，有效磷 1.8~2kg，速效钾 2.5~3kg；

（2）喜铵性　茶树体内氨基转移酶活性较强，易将铵态氮转化成氨基酸，而硝酸还原酶活性弱，不易将硝态氮转化成铵后，再合成氨基酸；

（3）低氯性　茶树对氯敏感，一般少施或不施含氯复合肥；

（4）聚铝性　茶树对适当含量的铝，能增强光合作用和根系生长，促进氨基酸和儿茶素的代谢，以及对土壤中磷的吸收。

施肥建议：基肥：除有机肥外，基施化肥占总肥量30%，根据上述计算，选氮磷钾含量大于40%硫基复合肥30~35kg，于冬季地上部分停止生长时施下，由于茶叶是深根作物，根系是趋向常年施肥方向集中，适当深施可引导根系向深层发展，增加吸收养分面积，因此采用沟施或全园施肥法，前者在行间树冠附近结合中耕开宽沟，后者应将肥料撒施地面，然后翻入地，深度10~20cm，砂土宜深，黏土宜浅。追肥：春肥施总量30%，在日均温稳定在8℃时，并在采摘前15天施完，夏肥和秋肥各占总量20%均于采摘前15天施完。

陈新森 . 2014. 云峰茶韵 [M]. 北京：中国农业出版社 .

黄春雷，龚日祥 . 2016. 浙江金华地区农业地学研究 [M]. 北京：科学出版社 .

黄瑞平 . 2011. 2011 年我省中药材种植发展主要思路 [J]. 药用植物（3）：1.

磐安县农业局 . 1999. 磐安县土地志 [M]. 北京：中国大地出版社 .

磐安县统计局 . 磐安县统计局 2009 年度政府信息公开工作报告 [R/OL]. http：// www. panan. gov. cn/tjj/zfxxgkndbg _ 948/200912/t20091228 _ 41858. shtml.

磐安县统计局 . 磐安县统计局 2010 年度政府信息公开工作报告 [R/OL]. http：// www. panan. gov. cn/tjj/zfxxgkndbg _ 948/201101/t20110105 _ 41898. shtml.

磐安县统计局 . 磐安县统计局 2011 年度政府信息公开工作报告 [R/OL]. http：// www. panan. gov. cn/tjj/zfxxgkndbg _ 948/201202/t20120217 _ 41969. shtml.

磐安县统计局 . 磐安县统计局 2012 年度政府信息公开工作报告 [R/OL]. http：// www. panan. gov. cn/tjj/zfxxgkndbg _ 948/201301/t20130128 _ 42019. shtml.

磐安县统计局 . 磐安县统计局 2013 年度政府信息公开工作报告 [R/OL]. http：// www. panan. gov. cn/tjj/zfxxgkndbg _ 948/201403/t20140317 _ 42084. shtml.

磐安县统计局 . 磐安县统计局 2014 年度政府信息公开工作报告 [R/OL]. http：// www. panan. gov. cn/tjj/zfxxgkndbg _ 948/201503/t20150330 _ 120256.

shtml.

磐安县统计局 . 磐安县统计局 2015 年度政府信息公开工作报告［R/OL］. http：// www. panan. gov. cn/tjj/zfxxgkndbg＿948/201603/t20160331＿148822. shtml.

磐安县统计局 . 2016 年磐安县国民经济和社会发展统计公报［R/OL］. http：//panews. zjol. com. cn/panews/system/2017/02/16/021059073shtml.

磐安县统计局 . 2017 年磐安县国民经济和社会发展统计公报［R/OL］. http：//panews. zjol. com. cn/panews/system/2018/05/03/030866260. shtml.

王爱国，马青，何忠俊，等 . 2008. 中药材种植基地土壤质量评价现状及展望［J］. 云南农业大学学报，23（5）：687-692

章明卓，陶卫春 . 2003. 将药材产业培育成磐安支柱产业的探讨［J］. 浙江师范大学学报（自然科学版），26（2）：187-190.

浙江省人民政府 . 2008. 浙江省标准农田地力调查与分等级技术规范［S/OL］. http：//www. tdzyw. com/2010/0812/4128. html.

中华人民共和国农业部 . 2005. 测土配方施肥技术规范［S］北京：中国农业出版社 .

附表　磐安县部分耕地土壤分析结果汇总表（2009—2017 年）

编号	乡镇	村	北纬	东经	有机质 (g/kg)	全氮 (g/kg)	碱解氮 (mg/kg)	有效磷 (mg/kg)	速效钾 (mg/kg)	pH
1	安文	白云山	29.00258	120.43782	10.58	0.661	73.5	25	12	5.51
2	安文	白云山	29.0051	120.4406	28.4		148.7	8.5	121.0	6.2
3	安文	城上	29.06615	120.43915	20.64	1.165	96.28	151.1	76	6.82
4	安文	东川	29.0608	120.5027	31.47		162.7	91.0	85.0	4.8
5	安文	东川	29.0633	120.4969	27.51		150.0	176.2	152.8	4.8
6	安文	东川	29.06443	120.49885	23.95	1.339	122.38	37.6	135	4.76
7	安文	东川	29.0719	120.5034	30.2		155.8	415.4	114.0	4.9
8	安文	东川	29.07225	120.50353	28.9	1.613	165.7	140.1	124	4.41
9	安文	东川	29.07228	120.5034	34.55		172.5	197.3	89.0	4.83
10	安文	东川	29.07233	120.50188	29.54	1.53	150.68	107.2	243	4.39
11	安文	东川	29.0731	120.5028	28.8		182.2	255.1	106.5	4.7
12	安文	东川	29.07497	120.5016	29.53		167.4	122.8	87.0	4.7
13	安文	岗头	29.0399	120.5135	21.2		86.3	134.4	177.8	5.5
14	安文	岗头	29.03995	120.51283	23.7	1.164	115.39	169.3	82	5.34
15	安文	根溪	29.03665	120.45922	20.75	1.116	116.49	187	33	6.04
16	安文	后坞	29.06413	120.42355	22.53	1.367	137.44	218.6	161	4.87
17	安文	胡村	29.04055	120.47495	29.2	1.773	157.29	182.3	76	4.72
18	安文	胡村	29.04611	120.4814	30.90		175.2	485.8	246.5	5.4
19	安文	胡村	29.0462	120.4882	34.4		150.8	283.1	50.3	5.1
20	安文	胡村	29.04628	120.4898	34.85		179.8	427.8	224.0	5.2
21	安文	胡口	29.0472	120.4843	21.16	1	94.45	109.7	92	4.66
22	安文	坑口	29.03862	120.42483	21.07	1.189	123.48	65	78	4.77
23	安文	联进	29.03503	120.44075	21.4	1.26	120.54	89.4	155	4.79
24	安文	联谊	29.03602	120.4369	19.27	1.138	104.37	214.9	112	4.52
25	安文	岭外	29.03507	120.4711	20.75	1.134	106.21	174.7	131	5.2
26	安文	岭外	29.03915	120.3975	14.57	0.892	84.15	136.3	77	4.87
27	安文	岭外	29.04092	120.41707	24.33	1.551	138.91	136.1	141	5.09
28	安文	岭外	29.04125	120.4737	27.8	1.603	160.96	183.2	188	4.06
29	安文	岭外	29.0457	120.4788	24.4		132.4	376.9	125.3	4.8
30	安文	卢坎头	29.09437	120.50542	24.28	1.373	119.07	128.6	76	4.13
31	安文	墨林	29.05075	120.55473	35.77	1.875	180.81	188.1	423	5.18
32	安文	墨林	29.05089	120.5402	32.16		152.5	250.6	152.8	4.8
33	安文	墨林	29.05437	120.53588	19.71	1.045	114.66	137.9	58	4.73
34	安文	墨林	29.05532	120.51225	33.41	1.742	171.99	53	38	4.92
35	安文	墨林	29.05698	120.51618	29.11	1.601	158.03	19	61	5.05
36	安文	石坑里	29.05835	120.45427	16.1	0.924	92.61	81.6	27	6.15
37	安文	石坑里	29.0619	120.4554	19.09	1.126	111.72	67.6	340	5.74
38	安文	石头	29.01875	120.44245	14.07	0.96	124.95	39.2	114	4.28
39	安文	石下	28.97333	120.48643	38.88	2.207	99.96	272.4	200	4.93
40	安文	殊闲	29.07133	120.45163	21.35	1.205	132.67	30.8	113	4.97
41	安文	双坑	29.00882	120.4691	17.1	0.965	90.28	71	117	4.8
42	安文	台口	29.0377	120.4324	25.6		132.9	69.9	57.6	5
43	安文	台口	29.0572	120.4247	27.60		143.8	185.2	138.0	5.4
44	安文	台口	29.07167	120.4212	27.02	1.498	144.79	62.4	94	5.11
45	安文	台口	29.07183	120.4212	25.03	1.534	143.33	148.1	61	4.94
46	安文	台口	29.0741	120.4282	32.3		143.2	131.4	35.2	5.2
47	安文	台口	29.0745	120.4246	19.92		79.9	62.2	82.0	4.8
48	安文	台口	29.0745	120.428	30.26		132.6	86.8	65.1	5.2
49	安文	台口	29.0753	120.4258	25.79		146.7	92.2	72.5	4.4
50	安文	王隐坑	29.0367	120.5203	31.8		137.6	259.0	207.8	5.5
51	安文	王隐坑	29.05245	120.5195	32.95	1.729	163.17	321.2	280	5.48
52	安文	溪文	29.0307	120.4232	28.6		123.8	151.9	102.4	4.7
53	安文	溪文	29.03667	120.42287	18.24	1.059	107.31	104	104	4.24
54	安文	下葛	29.03308	120.48827	20.62	0.998	97.02	49.2	123	5.15
55	安文	小岭	29.0485	120.4119	26.3		146.6	205.2	195.6	4.9
56	安文	小岭	29.0488	120.4072	27.6		148.0	144.3	113.6	4.7
57	安文	小岭	29.0503	120.42233	13.98	0.834	92.61	125.5	118	4.8

（续表）

编号	乡镇	村	北纬	东经	有机质 （g/kg）	全氮 （g/kg）	碱解氮 （mg/kg）	有效磷 （mg/kg）	速效钾 （mg/kg）	pH
58	安文	岩贝	29.0549	120.4215	28.4		104.8	164.6	221.7	7
59	安文	羊山头	29.07195	120.47147	13.54	0.81	84.53	174.7	265	4.86
60	安文	羊山头	29.07237	120.46738	21.08	1.236	139.65	153.7	175	5.5
61	安文	羊山头	29.07468	120.4679	22.43	1.323	133.04	243	170	5.31
62	安文	元岭坑	29.03625	120.40672	29.63	1.671	161.7	176.7	118	4.3
63	安文	元岭坑	29.04262	120.40683	27.04	1.418	127.89	65	477	6.38
64	安文	中田	29.01848	120.45908	34.62	1.804	188.16	157.7	78	5.57
65	安文	中田	29.01872	120.45718	14.1	0.886	81.58	185.6	101	5.39
66	安文	朱锡坞	29.07437	120.40485	26.32	1.53	147	103.8	95	5.28
67	大盘	安山	28.99243	120.57643	28.85	1.4	135.24	58.6	44	4.9
68	大盘	百廿称	28.97638	120.60698	38.02	1.914	179.34	100.4	265	4.68
69	大盘	百廿称	28.9803	120.6041	25.7		119.3	3.4	191.2	4.8
70	大盘	百廿称	28.9816	120.6055	13.1		60.4	6.6	258.2	5.2
71	大盘	北桥	28.9941	120.60755	36.3	1.797	166.11	15.6	105	5.3
72	大盘	北山	29.01863	120.55863	14.82	0.663	63.21	103.8	112	4.5
73	大盘	大坑	28.9734	120.5952	35.63	1.978	208	411.5	84	4.7
74	大盘	大盘	28.9721	120.55553	21.59	1.216	138.18	64.1	213	4.46
75	大盘	丁坞	28.9975	120.5664	32.69		172.7	16.4	116.3	4.9
76	大盘	光明	28.9881	120.5451	38.80		235.8	239.9	233.4	4.6
77	大盘	光明	28.9885	120.5448	42.30		244.9	318.0	301.3	5.6
78	大盘	光明	28.9892	120.54555	48.21	2.796	179.34	267.4	215	4.66
79	大盘	光明	28.9893	120.5451	45.9		305.5	324.7	182.1	4.6
80	大盘	光明	28.98937	120.54135	35.22	1.844	185.22	68.2	45	4.84
81	大盘	光明	28.9903	120.5448	32.95	1.949	182.28	33.4	175	5.09
82	大盘	后堂	28.9942	120.5474	46.5		225.3	48.2	47.3	5.1
83	大盘	后堂	28.99507	120.5392	38.14	2.172	193.3	89.4	128	4.25
84	大盘	后堂	28.9951	120.5475	34.29		194.0	105.0	63.4	5
85	大盘	后堂	28.9959	120.5481	44.4		233.9	88.1	47.3	6
86	大盘	后堂	28.99633	120.54927	37.6	2.201	179.34	9.6	59	4.66
87	大盘	后堂	28.99643	120.53893	48.08	2.426	219.03	162.7	85	4.78
88	大盘	后堂	28.99972	120.5514	39.29		214.4	127.1	48.3	5.2
89	大盘	甲坞	28.99778	120.56545	40.02	2.192	194.04	7.4	65	4.59
90	大盘	礼济	28.99111	120.5603	35.90		194.0	80.7	67.2	4.8
91	大盘	礼济	28.9914	120.5602	38.1		202.3	72.2	39.8	5.1
92	大盘	礼济	28.9925	120.5622	28.67		163.9	51.0	78.5	4.9
93	大盘	礼济	28.9935	120.5617	27.8		151.3	124.4	221.0	4.6
94	大盘	礼济	28.9947	120.5618	28.0		163.1	180.4	306.6	4.5
95	大盘	利济	28.99207	120.56025	42.78	2.353	208.74	151.7	50	5.05
96	大盘	林峰	29.03012	120.56416	47.55	2.252	210.21	303.1	85	4.43
97	大盘	岭下	29.00395	120.57678	28.09	1.662	191.84	304	72	4.48
98	大盘	南桥	28.98498	120.60158	34.93	2.042	180.81	154.3	98	4.68
99	大盘	市口	28.9908	120.5133	39.4		210.8	146.2	28.6	5.1
100	大盘	市口	28.9912	120.5549	36.3		192.5	544.4	185.8	4.7
101	大盘	市口	28.9986	120.5504	39.5		214.1	81.1	125.9	5.5
102	大盘	市口	29.0002	120.55175	37.76	2.256	198.45	73.2	57	4.7
103	大盘	市口	29.00023	120.55127	37.61	2.473	217.56	14.6	38	4.75
104	大盘	市口	29.00139	120.5544	35.73		181.7	258.6	135.2	4.6
105	大盘	市口	29.00167	120.5511	34.03		180.1	82.8	78.5	4.7
106	大盘	王庄	28.99688	120.52367	43.62	1.981	132.3	48.5	245	4.9
107	大盘	下寮	28.97878	120.61167	25.32	1.296	207.27	74.6	31	4.9
108	大盘	下寮	28.98268	120.61372	25.49	1.375	202.12	103.8	71	4.8
109	大盘	小盘	28.9698	120.5546	36.3		183.4	339.4	81.0	4.5
110	大盘	小盘	28.9716	120.5561	27.9		165.0	60.9	79.5	4.6
111	大盘	学田	29.0011	120.5648	29.2		173.8	375.1	161.4	4.7
112	大盘	学田	29.00113	120.55607	18.26	0.934	93.34	46.4	112	4.98
113	大盘	长坑	28.99527	120.51348	29.17	1.446	167.58	363.3	138	4.92
114	方前	岙口	29.03786	120.6575	20.64		100.4	23.1	138.9	6

（续表）

编号	乡镇	村	北纬	东经	有机质 (g/kg)	全氮 (g/kg)	碱解氮 (mg/kg)	有效磷 (mg/kg)	速效钾 (mg/kg)	pH
115	方前	岙口	29.03947	120.65837	21.36	1.226	99.96	51.8	164	5.24
116	方前	岙口	29.04025	120.65735	19.87	1.202	103.64	57.6	66	5.21
117	方前	岙口	29.04028	120.65735	14.18	0.834	71.29	13.3	66	5.28
118	方前	岙口	29.04047	120.6589	22.03		105.3	32.2	123.8	4.9
119	方前	岙口	29.04078	120.65692	17.71	1.08	91.88	9	62	5.08
120	方前	岙口	29.0408	120.6579	25.8		124.7	49.6	50.2	4.7
121	方前	岙口	29.0409	120.6593	23.5		120.4	36.6	65.1	5.1
122	方前	岙口	29.0423	120.6545	17.2		96.9	22.0	109.8	5.4
123	方前	岙口	29.04311	120.6536	15.60		79.1	11.4	112.5	5.7
124	方前	茶潭	28.99417	120.6076	14.95	1.013	83.06	32.8	50	4.82
125	方前	茶潭	29.01483	120.62777	19.99	1.309	115.39	333.7	174	4.62
126	方前	茶潭	29.019	120.6312	23.4		107.6	126.8	57.2	4.8
127	方前	茶潭	29.01972	120.6317	23.62		119.4	147.6	169.1	4.8
128	方前	茶潭	29.02013	120.63272	23.24	1.441	115.39	35.6	65	4.97
129	方前	茶潭	29.0257	120.6355	18.6		96.4	102.1	101.8	4.6
130	方前	陈岙	29.05535	120.6825	33.8	2.062	188.16	20.6	50	5.02
131	方前	陈岙	29.06025	120.6845	31.90		190.1	51.9	51.5	5.3
132	方前	陈岙	29.0605	120.6817	20.3		121.0	37.4	121.0	6.2
133	方前	陈岙	29.0605	120.6845	33.0		184.6	58.8	24.0	4.8
134	方前	陈岙	29.0651	120.6816	22.70		143.9	53.6	100.3	5.3
135	方前	陈岙	29.06712	120.67845	21.11	1.278	124.58	21.2	188	5.13
136	方前	陈岙	29.06864	120.682	24.03		141.3	121.3	152.8	5.9
137	方前	方前	29.03972	120.67633	35.03	2.066	178.61	36	76	4.49
138	方前	方前	29.04678	120.6787	22.87		100.5	121.3	81.5	5.1
139	方前	方前	29.04748	120.67788	33.59	1.761	166.6	42	58	4.8
140	方前	方前	29.0477	120.6784	27.7		113.3	124.9	50.2	5.1
141	方前	方前	29.0489	120.6779	26.4		112.0	114.1	27.8	5.1
142	方前	方前	29.0495	120.6776	26.80		134.3	73.5	107.8	5.2
143	方前	方前	29.04958	120.67682	24.24	1.467	146.27	207.5	128	4.88
144	方前	付岙	29.0445	120.6768	24.4		97.7	70.0	39.0	4.8
145	方前	付岙	29.0579	120.6777	22.8		105.5	15.6	61.3	5.8
146	方前	付岙	29.06073	120.67192	38.78	2.346	187.43	28.9	114	5.3
147	方前	付岙	29.0719	120.6719	30.1		149.4	81.0	65.1	5.4
148	方前	付店	29.04385	120.67623	20.42	1.031	95.55	9.8	111	4.59
149	方前	付店	29.04633	120.67648	25.54	1.282	119.07	52.2	78	4.75
150	方前	付店	29.06833	120.6765	24.00		104.2	57.0	156.5	5.1
151	方前	傅岙	29.05565	120.67233	19.02	1.289	150.68	155.9	209	4
152	方前	傅岙	29.05692	120.6802	22.29		115.7	48.6	134.0	5.6
153	方前	傅岙	29.05978	120.6744	25.79		130.3	69.2	194.0	6.3
154	方前	傅岙	29.06114	120.6713	30.28		172.1	72.6	96.5	5.7
155	方前	高丘	29.04292	120.66943	17.4	1.229	101.43	18.6	110	4.67
156	方前	高丘	29.0442	120.67048	18.25	1.272	99.96	28.2	61	4.75
157	方前	高坵	29.04225	120.6695	18.68		100.4	44.7	130.3	5.1
158	方前	高坵	29.04269	120.6733	22.09		103.6	34.4	85.3	5.2
159	方前	高坵	29.0431	120.6693	17.6		91.5	32.3	50.2	4.9
160	方前	高坵	29.0442	120.6716	18.9		82.9	78.5	57.6	5
161	方前	高坵	29.04431	120.6721	20.67		94.9	61.3	104.0	4.8
162	方前	官田	29.02672	120.6408	16.60		87.9	117.6	138.9	4.8
163	方前	官田	29.0269	120.6401	16.8		91.4	111.1	109.3	4.5
164	方前	官田	29.02725	120.63818	25.79	1.592	126.42	54.8	60	5.02
165	方前	官田	29.0274	120.6384	21.4		114.8	128.4	101.8	4.6
166	方前	官田	29.02744	120.6384	20.93		131.9	159.1	131.4	5.4
167	方前	横路头	29.01012	120.70617	38.41	1.888	208.74	231.6	82	4.17
168	方前	后田	29.02278	120.6344	22.62		139.5	137.5	89.8	4.8
169	方前	后田	29.02361	120.6356	21.26		129.4	157.1	203.1	5.2
170	方前	后田	29.02393	120.63652	22.86	1.374	127.89	105.6	93	4.86
171	方前	后田	29.02417	120.6339	19.29		114.0	141.5	120.0	4.9

附表 磐安县部分耕地土壤分析结果汇总表（2009—2017 年）

（续表）

编号	乡镇	村	北纬	东经	有机质（g/kg）	全氮（g/kg）	碱解氮（mg/kg）	有效磷（mg/kg）	速效钾（mg/kg）	pH
172	方前	后朱	29.04253	120.66678	21.99	1.359	138.18	83.4	114	4.52
173	方前	后朱	29.0429	120.66945	30.51	1.922	149.94	47.6	79	5.19
174	方前	后朱	29.04619	120.6678	21.47		116.6	43.9	102.0	5.4
175	方前	后朱	29.0485	120.6654	18.1		101.5	90.0	505.2	6
176	方前	后朱	29.04865	120.6653	22.2	1.359	116.87	3.8	59	5.45
177	方前	后朱	29.04931	120.6648	20.10		131.4	133.5	534.7	6.4
178	方前	后朱	29.0499	120.6651	26.3		131.5	20.9	46.4	5.3
179	方前	里井坑	28.98458	120.70373	50.17	2.471	249.17	289.8	76	4.88
180	方前	里林山	28.99997	120.6412	22.8	1.343	125.68	227.1	172	4.56
181	方前	里田石	28.99437	120.65467	21.9	1.227	123.48	178.5	90	4.53
182	方前	里王	29.04153	120.6416	18.32		91.5	59.2	97.4	5.2
183	方前	里王	29.04168	120.6476	18.62	1.108	95.55	52	110	5.22
184	方前	里王	29.0417	120.6411	20.8		112.4	90.7	87.5	5.1
185	方前	里王	29.04222	120.6471	20.67		100.2	45.8	93.6	1.8
186	方前	里王	29.04232	120.647	28.80		122.2	128.4	116.3	5.1
187	方前	里王	29.0432	120.646	21.9		81.0	54.9	65.0	4.9
188	方前	炉田	29.06598	120.65043	23.96	1.292	127.15	113.9	423	4.74
189	方前	农林	29.04987	120.62327	26.11	1.55	149.21	98.2	114	4.39
190	方前	前环	29.0329	120.6517	22.9		112.9	65.0	42.3	5.2
191	方前	前王	29.03364	120.6519	24.90		114.8	79.3	78.5	5
192	方前	前王	29.03617	120.6499	27.64		186.4	91.2	112.5	4.5
193	方前	前王	29.0372	120.65322	24.48	1.512	127.16	72.4	88	5.11
194	方前	前王	29.03856	120.6532	25.52		125.3	58.1	70.9	5
195	方前	前王	29.0386	120.6541	27.0		119.4	33.3	46.4	5.1
196	方前	前王	29.03889	120.6606	17.45		89.0	45.7	152.8	5.2
197	方前	桥头	29.03592	120.664	25.08		90.6	56.9	220.3	5.3
198	方前	桥头	29.03736	120.6653	22.60		92.3	31.8	100.3	5.2
199	方前	桥头	29.03833	120.6657	21.26		94.3	24.9	100.3	5.3
200	方前	桥头	29.0384	120.6654	23.9		112.3	64.6	27.8	4.8
201	方前	桥头	29.03967	120.65597	25.54	1.333	122.01	10	56	4.53
202	方前	桥头	29.04025	120.6657	28.16		111.0	14.5	77.8	5.2
203	方前	桥头	29.0408	120.6664	26.7		131.2	45.1	39.0	5.1
204	方前	桥头	29.04097	120.67338	17.23	0.051	91.88	3.9	79	4.46
205	方前	桥头	29.04114	120.6673	26.61		90.2	34.0	111.5	5.1
206	方前	桥头	29.04202	120.66457	20.48	2.071	105.1	72	246	4.72
207	方前	桥头	29.04219	120.6656	22.71		124.8	38.2	135.2	5.1
208	方前	桥头	29.0431	120.6631	20.90		108.8	18.0	135.2	5.4
209	方前	施家庄	29.00252	120.7121	39.28	1.922	190.37	171.7	46	4.75
210	方前	寺岙	29.03972	120.67633	15.28	1.212	100.69	15	146	5.44
211	方前	寺岙	29.061	120.681	22.9		141.3	76.2	121.0	4.3
212	方前	寺岙	29.06528	120.6903	32.60		190.3	62.4	55.3	5
213	方前	寺岙	29.06582	120.6914	28.29	1.803	161.7	34.2	89	5.01
214	方前	寺岙	29.06853	120.6887	29.02		178.1	29.5	55.3	5
215	方前	寺岙	29.06933	120.68838	24.44	1.651	147.74	3.3	79	4.7
216	方前	寺岙	29.0694	120.6903	31.2		178.0	71.7	35.2	4.7
217	方前	寺岙	29.06958	120.68863	22.38	1.487	148.84	23.6	66	4.83
218	方前	寺岙	29.07031	120.6715	31.56		222.1	39.3	51.5	4.8
219	方前	寺岙	29.0715	120.68508	31.24	1.888	182.28	49.2	64	4.27
220	方前	寺岙	29.07214	120.6922	25.23		159.5	44.9	85.3	5.3
221	方前	寺岙	29.07273	120.69002	26.48	1.54	149.94	13.4	98	5.14
222	方前	寺岙	29.0744	120.6855	25.3		149.1	134.6	132.2	4.9
223	方前	寺岙	29.0749	120.6855	20.4		122.8	80.3	195.6	4.7
224	方前	寺岙	29.0752	120.6956	18.9		112.9	28.6	46.4	4.8
225	方前	寺岙	29.0757	120.685	27.11		240.7	135.6	284.0	4.9
226	方前	寺岙	29.0761	120.6848	19.79		113.2	56.5	96.5	5.2
227	方前	田厂	29.0148	120.66818	19.15	1.091	127.16	137.1	93	4.22
228	方前	田厂	29.0292	120.6724	23.18	1.205	121.28	50.2	39	4.75

（续表）

编号	乡镇	村	北纬	东经	有机质（g/kg）	全氮（g/kg）	碱解氮（mg/kg）	有效磷（mg/kg）	速效钾（mg/kg）	pH
229	方前	外井坑	28.98975	120.701	38.11	2.061	193.31	114.7	63	4.96
230	方前	外林山	29.00147	120.64232	28.64	1.611	158.03	163.4	66	4.71
231	方前	乌岩坑	29.06838	120.66018	30.3	1.65	155.09	56	53	5.22
232	方前	西坑	28.97227	120.64933	23.48	1.134	85.99	85	70	5.53
233	方前	西坑	28.98055	120.64087	21.39	1.298	115.39	86.6	102	4.69
234	方前	西坑	28.98955	120.64373	30.4	1.609	150.68	184.4	74	4.3
235	方前	下村	29.02558	120.6456	28.89		148.9	328.7	324.0	5.4
236	方前	下村	29.02663	120.64143	12.58	0.745	66.89	38.8	121	5.09
237	方前	下村	29.0271	120.6455	30.2		146.5	391.6	209.8	4.7
238	方前	下村	29.02713	120.6454	23.5	1.492	122.75	160.1	63	5.22
239	方前	下村	29.02947	120.6464	28.71		140.5	418.8	286.2	5.2
240	方前	下村	29.0301	120.6467	29.4		168.5	646.9	269.4	5.3
241	方前	下村	29.03223	120.66065	14.25	1.111	91.88	372.1	586	4.87
242	方前	许溪	29.0366	120.6919	31.3		132.0	99.9	42.7	4.9
243	方前	许溪	29.03692	120.6819	23.94		108.6	62.0	74.0	5
244	方前	许溪	29.03727	120.6798	15.86	1.011	95.55	16.2	47	5.2
245	方前	许溪	29.03775	120.6791	22.48		115.1	55.9	115.3	5.1
246	方前	许溪	29.039	120.6815	22.8		119.6	24.6	50.2	4.9
247	方前	许溪	29.03928	120.6803	22.37		115.0	31.9	107.8	5.4
248	方前	许溪	29.06698	120.68693	20.09	1.224	111.72	54.2	171	5.16
249	方前	许溪	29.06725	120.67417	25.94	1.523	144.79	23.6	40	4.93
250	高二	半岭	28.90977	120.56357	39	1.864	171.99	143.7	54	5.02
251	高二	北坑	28.87517	120.55183	25.33	1.393	261.66	36	41	5.15
252	高二	大湖	28.90783	120.5568	40	2.091	202.86	184.5	66	4.18
253	高二	大拓坑	28.92417	120.5922	26.09		117.0	133.1	104.9	5.2
254	高二	大柘坑	28.91808	120.5921	30.13	1.632	158.76	95.9	69	4.19
255	高二	大柘坑	28.91935	120.59087	32.43	1.509	137.45	218.5	79	4.46
256	高二	大柘坑	28.92361	120.5894	26.63		127.7	150.7	67.2	4.9
257	高二	大柘坑	28.9243	120.5921	25.4		111.0	113.2	53.4	4.5
258	高二	大庄	28.92402	120.57008	31.82	1.899	157.29	165.5	63	4.71
259	高二	东山头	28.9244	120.5902	28.9		119.2	77.8	38.5	5
260	高二	东山头	28.92647	120.59637	22.01	1.321	147.74	88.6	80	4.01
261	高二	东山头	28.93102	120.59358	29.34	1.554	138.92	138.3	116	4.2
262	高二	丰陈	28.87173	120.55247	29.73	1.694	154.35	105.2	100	4.81
263	高二	丰陈	28.8815	120.55583	46.74	2.761	234.47	271	88	5.06
264	高二	丰陈	28.88547	120.55762	22.32	1.332	124.22	232.6	191	4.87
265	高二	高峰	28.90453	120.53857	30.1	1.894	159.49	61.4	30	4.64
266	高二	高峰	28.91722	120.56615	26.34	1.611	137.45	43	55	4.88
267	高二	高峰	28.9195	120.5773	36.0		141.4	616.9	109.3	4.2
268	高二	高峰	28.92252	120.55872	46.12	2.457	230.79	221	123	3.85
269	高二	冷坑	28.91032	120.59963	37.12	1.886	177.14	188.7	82	4.93
270	高二	栗树坑	28.88478	120.5206	22.03	1.361	149.21	172.1	163	4.49
271	高二	栗树坑	28.90553	120.53157	32.33	1.713	161.7	124.3	40	4.56
272	高二	栗树坑	28.92878	120.596	36.29	1.829	185.96	240.2	118	4.24
273	高二	罗桐田	28.9321	120.52228	31.88	1.736	153.62	161.5	103	4.4
274	高二	罗桐田	29.0512	120.4391	25.09	1.446	125.69	159.7	146	4.93
275	高二	山前	28.9028	120.58888	23.93	1.35	125.69	155.1	100	4.81
276	高二	双坑	28.89435	120.55313	40.98	2.156	195.51	203.9	45	4.15
277	高二	西岗头	28.87173	120.55247	38.38	1.922	176.4	279.2	120	4.95
278	高二	西家	28.87705	120.56433	29.16	1.609	152.15	147.1	109	4.87
279	高二	小湖山	28.90408	120.57192	26.37	1.442	137.45	89.2	23	4.86
280	高二	小湖山	28.90582	120.57102	34.03	1.91	155.82	85.6	104	4.73
281	高二	小柘坑	28.91692	120.5835	33.16	1.756	157.29	159.7	99	4.4
282	高二	小柘坑	28.9256	120.58093	23.9	1.528	140.39	95.2	68	3.92
283	胡宅	岙里	29.25638	120.75007	17.17	0.891	90.41	71.9	171	3.6
284	胡宅	岙里	29.25915	120.75915	30.07	1.585	151.41	0.9	40	4.5
285	胡宅	百青岗	29.2385	120.744	35.2		147.1	22.3	59.0	5.1

（续表）

编号	乡镇	村	北纬	东经	有机质 （g/kg）	全氮 （g/kg）	碱解氮 （mg/kg）	有效磷 （mg/kg）	速效钾 （mg/kg）	pH
286	胡宅	丁界	29.26111	120.7406	30.61		191.4	24.2	210.3	4.7
287	胡宅	丁界	29.2632	120.7383	27.69		316.4	9.2	232.8	4.6
288	胡宅	丁界	29.2657	120.7489	27.8		165.0	15.6	104.0	4.4
289	胡宅	丁界	29.26608	120.7477	30.44		169.5	3.2	52.8	5.4
290	胡宅	丁界	29.26753	120.75245	21.52	1.136	103.64	14.2	111	4.28
291	胡宅	丁界	29.26783	120.7511	33.90		164.7	9.8	56.5	5.2
292	胡宅	丁界	29.2693	120.75025	22.67	1.51	301.35	35.8	125	4.76
293	胡宅	榧里	29.25533	120.7439	30.22	1.494	152.88	107	99	4.86
294	胡宅	榧里	29.2743	120.7306	29.6		140.9	70.1	107.8	4.5
295	胡宅	榧里	29.27755	120.72125	22.71	1.1	122.01	125.8	222	4.67
296	胡宅	榧里	29.27948	120.71885	29.14	1.37	147	103.9	166	4.44
297	胡宅	何家	29.2816	120.7312	34.5		146.2	44.3	51.5	5.1
298	胡宅	横路	29.24539	120.7514	31.90		266.3	18.7	142.8	4.6
299	胡宅	横路	29.2457	120.7463	33.18	1.601	147	1.1	51	4.4
300	胡宅	横路	29.2461	120.7509	45.6		204.4	17.1	92.8	5.5
301	胡宅	横路	29.24692	120.751	37.01		200.9	5.9	52.8	6.2
302	胡宅	横路	29.24713	120.73977	25.52	0.916	91.14	198.9	279	4.13
303	胡宅	横路	29.24937	120.73553	24.87	1.654	401.31	26.8	202	4.42
304	胡宅	横路	29.25007	120.74353	27.16	1.345	142.59	5.1	131	5.07
305	胡宅	横路	29.2507	120.74572	30.35	1.682	156.56	2.9	59	5
306	胡宅	横路	29.25167	120.7455	36.38	1.826	168.32	3.3	46	5.06
307	胡宅	横路	29.2531	120.7489	26.0		459.3	17.0	141.5	4.6
308	胡宅	横路	29.25338	120.74417	32.09	1.497	230.06	16.6	126	6.11
309	胡宅	横路	29.25383	120.7491	28.50		166.6	12.5	195.3	4.7
310	胡宅	横路	29.2553	120.7436	33.1		173.2	78.1	205.3	4.6
311	胡宅	后张	29.30505	120.75952	28.28	1.627	230.06	69.6	150	4.36
312	胡宅	后张	29.30608	120.7603	17.32	0.956	148.47	171.7	159	4.13
313	胡宅	后张	29.30848	120.75948	29.2	1.53	239.61	91.6	269	4.65
314	胡宅	后张	29.31202	120.75927	25.24	1.275	147	152.9	221	4.58
315	胡宅	胡宅	29.24562	120.7549	30.26		169.9	12.5	112.8	4.2
316	胡宅	胡宅	29.2462	120.75063	27.68	1.496	130.09	11.4	91	4.23
317	胡宅	胡宅	29.25247	120.7527	45.94		245.1	11.9	97.8	5.1
318	胡宅	胡宅	29.2525	120.7528	33.6		191.6	12.0	77.8	5.1
319	胡宅	胡宅	29.25335	120.74993	29.11	1.458	304.29	52.4	226	4.61
320	胡宅	胡宅	29.25422	120.74825	20.28	1.128	112.46	4.8	70	4.52
321	胡宅	胡宅	29.2584	120.7303	43.59		221.1	28.1	217.8	4.2
322	胡宅	蒋坪	29.2914	120.7471	23.9		130.8	10.7	85.3	5
323	胡宅	金村	29.25414	120.7466	25.60		215.1	22.8	150.3	4.7
324	胡宅	金村	29.25878	120.7426	31.22		239.3	52.8	176.5	4.2
325	胡宅	金村	29.2595	120.7438	36.78		188.0	40.5	127.8	4.3
326	胡宅	金村	29.25952	120.74148	32.66	1.756	154.35	60.5	109	4.12
327	胡宅	金村	29.2614	120.73967	22.63	1.291	135.24	6.3	161	4.88
328	胡宅	金村	29.26458	120.7422	33.70		181.9	5.4	135.3	5.4
329	胡宅	金村	29.2814	120.7398	26.9		151.3	13.9	74.0	4.8
330	胡宅	金村	29.2886	120.7428	25.4		199.7	23.1	89.0	3.9
331	胡宅	岭头	29.2467	120.75605	29.14	1.694	152.15	5	117	3.8
332	胡宅	岭头	29.25218	120.75603	36.26	1.982	202.86	5	115	4.49
333	胡宅	岭头	29.2526	120.7576	22.0		116.8	12.0	81.5	4.9
334	胡宅	岭头	29.25263	120.7608	39.95	2.057	174.19	1.8	121	4.57
335	胡宅	岭头	29.25652	120.76097	25.79	1.338	129.36	83.2	131	3.96
336	胡宅	岭头	29.25915	120.75915	31.47	1.797	165.38	13.2	91	4.16
337	胡宅	岭西	29.28787	120.73117	29.92	1.866	212.41	75.4	151	4.43
338	胡宅	岭西	29.29105	120.73295	28.58	1.649	156.55	51.6	91	4.59
339	胡宅	岭西	29.29127	120.7293	26.58	1.172	124.21	39.2	138	4.69
340	胡宅	岭西	29.29217	120.7467	16.44		84.8	20.6	127.8	5.2
341	胡宅	岭西	29.29515	120.73597	27.34	1.493	127.16	88.6	137	4.41
342	胡宅	岭西	29.29703	120.72725	24.35	1.376	129.36	50.6	54	4.48

（续表）

编号	乡镇	村	北纬	东经	有机质 （g/kg）	全氮 （g/kg）	碱解氮 （mg/kg）	有效磷 （mg/kg）	速效钾 （mg/kg）	pH
343	胡宅	龙塘	29.26717	120.7371	34.03		179.8	8.1	109.0	4.9
344	胡宅	龙塘	29.26722	120.7387	39.22		214.1	9.1	97.8	4.8
345	胡宅	龙塘	29.27247	120.7402	25.59		156.0	57.4	90.3	4.4
346	胡宅	龙塘	29.27348	120.72255	32.86	1.701	185.96	182.7	212	4.55
347	胡宅	培香	29.26182	120.74922	25.91	1.383	153.62	21.4	331	3.99
348	胡宅	前山	29.28722	120.74538	25.6	1.47	137.45	10	145	4.41
349	胡宅	前山	29.28955	120.74293	20.38	1.009	97.02	7.1	117	4.56
350	胡宅	前山	29.29578	120.7466	27.48		164.6	40.2	150.3	4.8
351	胡宅	前山	29.29706	120.7483	31.08		153.8	21.1	82.8	5
352	胡宅	前山	29.2991	120.75448	34.78	1.361	111.72	110.4	160	4.4
353	胡宅	前山	29.2992	120.7462	26.6		145.1	43.7	130.3	5
354	胡宅	前山	29.29923	120.75538	21.65	1.248	126.42	67.4	100	3.95
355	胡宅	前山	29.29967	120.746	30.37		156.4	38.7	124.0	4.9
356	胡宅	前山	29.30072	120.75015	37.01	1.612	150.68	68.6	154	4.35
357	胡宅	山前	29.3083	120.7379	41.3		204.5	14.1	47.8	5.4
358	胡宅	梭里塘	29.25225	120.74977	20.76	1.082	123.48	28.8	124	4.49
359	胡宅	梭里塘	29.28667	120.7457	26.60		168.0	80.6	266.5	4.6
360	胡宅	梭里塘	29.28772	120.744	29.03		175.9	63.4	150.0	4.5
361	胡宅	梭里塘	29.2885	120.7455	25.49		163.9	28.9	236.5	4.8
362	胡宅	塘里	29.2683	120.7321	32.0		152.4	19.2	44.0	5.2
363	胡宅	塘田	29.25650	120.70983	48.44	1.909	178.61	18.8	178	4.32
364	胡宅	塘田	29.26415	120.74077	27.87	1.564	158.03	3.7	142	4.66
365	胡宅	塘田	29.2658	120.7371	33.9		170.6	5.4	104.0	4.9
366	胡宅	塘田	29.26589	120.7373	34.30		174.6	6.2	157.8	5
367	胡宅	塘田	29.2659	120.7346	41.47		224.5	1.6	56.5	5.6
368	胡宅	塘田	29.26608	120.73660	28.14	1.397	135.24	1.9	37	4.63
369	胡宅	塘田	29.26639	120.7456	38.94		220.8	34.5	176.5	4.5
370	胡宅	塘田	29.26773	120.72387	36.41	1.871	176.4	85.8	226	4.73
371	胡宅	塘田	29.27263	120.72887	24.98	1.218	121.28	94.5	115	4.45
372	胡宅	下周	29.24705	120.75798	45.48	2.01	189.63	48.2	215	4.43
373	胡宅	下周	29.2488	120.7556	45.2		232.4	11.8	92.8	4.3
374	胡宅	下周	29.2495	120.75765	29.94	1.553	145.53	2.7	169	4.61
375	胡宅	下周	29.25447	120.76368	34.68	1.734	166.85	2.3	63	4.02
376	胡宅	杨树坞	29.2701	120.75455	29.52	1.644	169.78	38.4	452	4.21
377	胡宅	杨树坞	29.2931	120.7239	27.25	1.286	145.53	85.8	141	4.58
378	胡宅	张斯	29.27108	120.75217	57.18	2.692	328.55	12.4	151	4.49
379	胡宅	张斯	29.28595	120.72825	27.7	1.501	149.21	7.9	336	4.86
380	尖山	百称岗	29.2367	120.74435	25.75	1.294	117.6	35.8	54	4.15
381	尖山	包介	29.23358	120.73873	24.05	1.281	112.46	8.6	135	4.4
382	尖山	陈村	29.21887	120.70960	21.98	1.434	113.17	40.6	132	6.62
383	尖山	陈界	29.21065	120.69750	11.47	0.747	58.8	4.7	233	4.68
384	尖山	陈界	29.22425	120.72082	35.92	1.799	164.64	88.8	144	4.11
385	尖山	大坑	29.2351	120.7209	49.0		294.6	21.9	85.3	4.2
386	尖山	大山头	29.23422	120.72548	31.48	1.804	138.18	69.6	134	4.78
387	尖山	大山头	29.23528	120.7215	26.23		199.7	66.4	120.3	4.1
388	尖山	大山头	29.23660	120.72583	22.62	1.322	141.12	45.6	176	4.28
389	尖山	大山头	29.23667	120.7226	33.30		475.3	19.5	165.3	5
390	尖山	大山头	29.23693	120.72648	22.08	1.214	99.22	27.2	212	4.51
391	尖山	大元	29.23398	120.72012	33.01	1.704	160.96	1.5	160	4.82
392	尖山	大元	29.23667	120.7226	30.90		256.9	18.0	202.8	4.3
393	尖山	东里	29.23592	120.7385	33.02	1.738	141.12	3.9	68	4.95
394	尖山	东里	29.23783	120.72092	45.38	2.58	210.58	78.8	149	5.18
395	尖山	东里	29.23794	120.721	44.67		256.4	40.3	86.5	4.8
396	尖山	东里	29.2408	120.7176	21.2		95.2	5.3	156.5	4.6
397	尖山	东里	29.24255	120.71988	13.02	1.038	63.21	0.2	217	4.46
398	尖山	管头	29.23611	120.7309	42.75		245.0	7.5	161.5	4.3
399	尖山	管头	29.23628	120.72782	20.62	1.268	102.9	35.6	167	4.37

（续表）

编号	乡镇	村	北纬	东经	有机质（g/kg）	全氮（g/kg）	碱解氮（mg/kg）	有效磷（mg/kg）	速效钾（mg/kg）	pH
400	尖山	管头	29.2403	120.7324	41.6		209.6	13.9	190.3	5.2
401	尖山	管头	29.24072	120.7319	39.73		219.9	33.6	285.3	4.9
402	尖山	管头	29.24117	120.73235	33.43	1.94	163.17	16.6	270	4.96
403	尖山	管头	29.24385	120.73070	27.56	1.446	133.77	2.9	78	4.44
404	尖山	管头	29.24463	120.73030	34.73	1.831	165.38	5.8	142	4.76
405	尖山	光明	29.24245	120.70865	41.3	2.21	194.04	2.5	117	4.8
406	尖山	光明	29.24353	120.70615	22.33	1.687	124.95	46.2	205	4.9
407	尖山	火炉岭	29.24032	120.70838	14.02	1.156	85.26	42.4	153	4.31
408	尖山	火炉岭	29.24263	120.71578	16.35	1.035	94.08	57.2	111	4.28
409	尖山	火炉岭	29.2434	120.7126	24.3		135.8	38.3	74.0	4.6
410	尖山	火炉岭	29.24387	120.71465	22.04	1.297	135.24	63.6	382	4.47
411	尖山	火炉岭	29.24563	120.71507	35.28	1.905	189.26	9.6	151	4.98
412	尖山	尖山	29.22522	120.73922	35.78	1.767	341.78	8.6	106	4.65
413	尖山	尖山	29.22525	120.72568	25.22	1.272	100.7	119.9	232	4.4
414	尖山	尖山	29.2259	120.7281	36.3		186.8	26.4	96.5	4.8
415	尖山	尖山	29.22627	120.72423	27.65	1.368	131.56	91.4	306	4.25
416	尖山	尖山	29.22708	120.72492	27.63	1.296	114.66	50.8	187	4.16
417	尖山	尖山	29.23333	120.73872	17.36	0.977	97.76	68.4	219	4.48
418	尖山	里岙	29.21773	120.76672	24.28	1.413	104.37	113.1	93	4.68
419	尖山	里光洋	29.2322	120.7114	32.1		174.2	53.5	81.5	4.9
420	尖山	里光洋	29.23378	120.71022	21.3	1.365	113.92	33	61	4.66
421	尖山	里光洋	29.23558	120.71205	23.21	1.257	113.19	0.2	215	4.95
422	尖山	里光洋	29.23628	120.70498	27.38	1.546	125.68	28.8	57	4.6
423	尖山	里光洋	29.2371	120.7071	29.3		141.7	71.7	32.8	5.1
424	尖山	里光洋	29.23711	120.7071	32.57		180.7	56.0	112.8	4.8
425	尖山	里光洋	29.24025	120.6973	27.75		143.3	75.3	97.8	4.9
426	尖山	栗岭	29.2339	120.6887	32.0		278.5	140.0	111.5	4.5
427	尖山	栗岭	29.23653	120.6852	31.24		176.8	32.8	105.3	4.6
428	尖山	栗岭	29.2404	120.6976	28.6		142.6	36.1	36.5	4.9
429	尖山	栗岭	29.24860	120.69122	40.58	2.124	208.01	30.6	87	4.8
430	尖山	栗岭	29.25052	120.69470	41.14	2.015	174.93	85	64	4.86
431	尖山	栗岭	29.25128	120.68747	46.42	2.513	226.38	28.4	90	4.96
432	尖山	林宅	29.21778	120.6974	22.57		131.5	78.3	135.3	4.4
433	尖山	林庄	29.22911	120.7259	44.39		224.7	33.0	90.3	5.1
434	尖山	林庄	29.23039	120.727	48.39		243.2	43.5	131.5	4.9
435	尖山	林庄	29.2305	120.7308	34.2		165.2	40.4	104.0	4.2
436	尖山	林庄	29.23100	120.72937	44.13	2.417	187.42	9.8	145	4.92
437	尖山	林庄	29.2312	120.7262	46.6		258.8	22.6	85.3	4.5
438	尖山	林庄	29.23206	120.7331	41.29		215.6	8.4	109.0	5.1
439	尖山	林庄	29.23383	120.7302	34.75		193.6	12.9	161.5	4.3
440	尖山	楼下宅	29.01893	120.72735	15.19	0.87	96.28	14.6	241	4.73
441	尖山	楼下宅	29.21128	120.736	58.70		291.3	16.4	139.0	4
442	尖山	楼下宅	29.21270	120.72602	7.85	0.37	96.28	0.2	135	4.74
443	尖山	楼下宅	29.21288	120.72178	22.21	1.344	114.66	58.5	163	4.56
444	尖山	楼下宅	29.21502	120.73148	23.03	1.371	103.64	42.5	228	4.47
445	尖山	楼下宅	29.21503	120.7335	27.28		132.0	2.7	409.0	4.9
446	尖山	楼下宅	29.21667	120.726	25.68		132.8	13.8	112.8	5.5
447	尖山	楼下宅	29.21758	120.7318	31.90		166.2	39.4	255.3	4.6
448	尖山	楼下宅	29.2371	120.726	35.0		175.4	7.7	73.0	6.2
449	尖山	水角	29.22455	120.72795	28.42	1.434	130.1	0.2	60	4.84
450	尖山	塘头	29.21775	120.71260	26.44	1.375	120.54	37	134	4.7
451	尖山	藤潭岗	29.21088	120.70122	24.64	1.279	115.4	65.8	150	4.48
452	尖山	藤潭岗	29.21483	120.70398	24.47	1.019	83.79	1.1	50	4.45
453	尖山	藤潭岗	29.2335	120.7017	33.5		148.1	5.5	140.3	4.2
454	尖山	向头	29.21622	120.6955	20.36		120.3	45.1	120.3	4.2
455	尖山	向头	29.23353	120.7106	27.90		157.2	160.0	101.5	4.6
456	尖山	小坑姆	29.21140	120.76017	29.44	1.47	128.62	45.9	86	5.2

（续表）

编号	乡镇	村	北纬	东经	有机质（g/kg）	全氮（g/kg）	碱解氮（mg/kg）	有效磷（mg/kg）	速效钾（mg/kg）	pH
457	尖山	小坑姆	29.21997	120.73183	12.05	0.737	76.44	151.7	112	4.4
458	尖山	新楼	29.24650	120.69798	32.44	1.595	148.47	171.5	215	4.24
459	尖山	新楼	29.24665	120.69970	32.38	1.729	140.38	5.7	52	4.45
460	尖山	新楼	29.24803	120.69900	41.45	1.926	177.87	44.2	159	4.95
461	尖山	新楼	29.24932	120.70065	27.23	1.557	120.54	136.1	116	4.15
462	尖山	新宅	29.21180	120.73847	22.1	1.131	97.76	74.8	217	4.8
463	尖山	新宅	29.21232	120.73893	23.24	1.29	114.66	13.2	218	4.52
464	尖山	新宅	29.21535	120.74050	24.66	1.389	107.31	14.6	117	4.07
465	尖山	新宅	29.21583	120.74243	34.48	1.987	147	10.4	102	4.31
466	尖山	新宅	29.21607	120.73882	47.64	2.181	216.09	0.2	68	4.15
467	尖山	新宅	29.2161	120.7407	52.1		260.6	10.3	36.5	5.3
468	尖山	新宅	29.21656	120.7406	54.20		295.4	11.8	60.3	5.4
469	尖山	新宅	29.21783	120.74092	27.88	1.684	125.68	53.6	244	4.63
470	尖山	新宅	29.21919	120.7374	42.30		213.7	33.5	292.8	4.2
471	尖山	新宅	29.2208	120.7379	38.08		300.3	8.2	116.5	4.1
472	尖山	新宅	29.22172	120.7366	33.21		167.5	80.5	176.5	4.3
473	尖山	新宅	29.22453	120.7364	44.09		227.3	45.4	139.0	4.7
474	尖山	新宅	29.22542	120.7378	39.20		216.1	46.3	255.3	4.7
475	尖山	新宅	29.22636	120.728	38.85		236.6	37.8	180.3	4.6
476	尖山	新宅	29.22678	120.7282	34.17		192.7	33.4	157.8	4.4
477	尖山	新宅	29.23089	120.739	46.22		259.6	44.2	86.5	4.5
478	尖山	银村	29.21950	120.70850	23.85	1.384	112.46	63.2	175	5.4
479	尖山	银村	29.22047	120.70463	21.37	1.309	98.49	20.8	32	4.6
480	九和	东吴	29.18567	120.57194	13.52	0.835	97.76	26	98	4.25
481	九和	革联	29.19825	120.59923	24.24	1.18	141.86	286.6	125	3.79
482	九和	红宅	29.16131	120.57201	21.12	0.825	111.72	11.2	94	4.65
483	九和	红宅	29.1641	120.5728	22.68	1.57	139.65	72.6	102	4.58
484	九和	后业岭	29.18986	120.62058	35.86	1.646	163.91	130.7	181	4.57
485	九和	后业岭	29.1942	120.6291	24.5		122.2	34.0	91.5	5
486	九和	九龙	29.1771	120.59496	25.4	0.998	128.26	56.7	188	4.24
487	九和	孔潭	29.18478	120.57721	17.28	1.033	114.66	99	154	3.96
488	九和	孔潭	29.18667	120.57893	25.66	1.112	116.13	153.6	329	4.35
489	九和	孔潭	29.18735	120.58096	15.55	0.769	93.35	148.4	128	4.4
490	九和	联桥	29.18737	120.58735	22.1	1.101	109.52	103.2	109	4.21
491	九和	联桥	29.19027	120.58824	21.82	1.057	123.48	37.2	68	4.19
492	九和	毛竹溪	29.18319	120.61871	27.76	1.598	123.48	74.6	85	4.95
493	九和	毛竹溪	29.1832	120.6187	29.8		138.6	97.5	114.0	5
494	九和	毛竹溪	29.18586	120.61952	52.22	1.544	165.38	99.8	81	5.6
495	九和	毛竹溪	29.18675	120.62247	34.1	1.567	153.62	220	105	4.38
496	九和	南坑	29.16867	120.60452	24.74	1.19	133.77	56.6	66	4
497	九和	南坑	29.17358	120.60524	23.02	1.088	118.34	23.2	69	4.16
498	九和	三水潭	29.1579	120.6223	29.3		132.0	67.6	76.5	4.3
499	九和	三水潭	29.16324	120.61955	32.06	1.506	162.44	161.5	119	4.12
500	九和	三水潭	29.1639	120.6204	36.7		172.5	163.0	54.0	4.9
501	九和	三水潭	29.16572	120.62091	27.1	1.281	123.48	189.3	303	4.5
502	九和	三水潭	29.16751	120.62073	32.85	1.61	166.48	116.1	129	4.1
503	九和	山儿头	29.17001	120.55993	24.08	1.073	123.48	176.7	202	4.05
504	九和	上炉坑	29.1595	120.6177	24.94		143.2	73.1	68.4	4.6
505	九和	上俞	29.15909	120.57173	31.52	1.772	174.93	57	77	4.62
506	九和	上俞	29.15951	120.56845	25.64	1.546	160.23	11.4	89	4.73
507	九和	塘山	29.18019	120.57802	23.4	1.287	145.53	127.3	90	4.16
508	九和	拓周	29.17618	120.61164	24.62	1.322	130.1	74.8	65	4.56
509	九和	拓周	29.18178	120.6175	31.56		148.6	45.8	5.2	
510	九和	下坑	29.19324	120.60928	23.83	1.31	135.98	22.8	66	4.41
511	九和	下坑	29.19467	120.60753	23.97	1.116	152.88	70.6	245	4.18
512	九和	新周	29.17288	120.60118	14.91	0.852	99.59	18	84	4.45
513	九和	新周	29.17393	120.60299	23.72	1.113	123.85	43.6	216	4.05

附表 磐安县部分耕地土壤分析结果汇总表（2009—2017 年）

（续表）

编号	乡镇	村	北纬	东经	有机质(g/kg)	全氮(g/kg)	碱解氮(mg/kg)	有效磷(mg/kg)	速效钾(mg/kg)	pH
514	九和	宿坑	29.15807	120.60071	32.3	1.474	166.85	260.6	137	4.01
515	九和	宿坑	29.15884	120.59631	27.98	1.402	152.89	87.9	57	4.07
516	九和	宿坑	29.16198	120.59544	23.74	1.54	107.32	54.4	39	4.8
517	九和	岩甲	29.16775	120.57703	25.62	1.356	152.88	148.3	111	3.98
518	九和	中坑	29.1872	120.6316	25.0		290.7	63.2	260.3	4.5
519	九和	中坑	29.20356	120.60983	27.49	1.338	142.59	159.5	123	4.4
520	九和	中坑	29.21028	120.61222	39.66	1.97	213.89	95.2	162	4.72
521	九和	自家庄	29.19859	120.62478	19.75	1.255	121.28	14	74	4.6
522	九和	自家庄	29.19883	120.62634	27.57	1.363	156.55	49	93	4.35
523	九和	自家庄	29.20014	120.63054	35.76	1.57	161.7	87.6	115	4.78
524	冷水	白岩	28.8893	120.3788	26.2		147.1	319.7	252.8	5.2
525	冷水	白岩	28.89302	120.3676	32.92	1.641	158.02	169.5	60	5.01
526	冷水	白岩	28.89673	120.36163	22.17	1.208	114.66	162.3	100	4.62
527	冷水	白岩	28.89722	120.4267	34.26		138.2	287.0	181.3	5.5
528	冷水	白岩	28.89875	120.3658	22.68	1.154	144.79	373.5	177	3.68
529	冷水	白岩	28.8991	120.3692	24.4		144.0	363.8	178.2	4.5
530	冷水	白岩	28.89972	120.3503	32.27		183.5	268.1	120.5	5.5
531	冷水	白岩	28.90008	120.35825	23.47	1.137	103.63	371.3	181	4.46
532	冷水	白岩	28.90023	120.35157	21.1	1.095	105.1	120.7	65	4.69
533	冷水	白岩	28.9006	120.3652	29.3		176.8	317.4	234.2	5.2
534	冷水	白岩	28.90072	120.35612	24.38	1.288	138.97	120.9	118	4.73
535	冷水	白岩	28.9009	120.3644	38.7		192.6	552.2	320.0	4.8
536	冷水	白岩	28.90111	120.3664	35.78		168.8	267.6	196.5	5.4
537	冷水	白岩	28.9014	120.3663	37.0		209.3	470.4	223.0	4.9
538	冷水	白岩	28.9792	120.3645	47.7		253.3	333.4	137.2	4.9
539	冷水	白岩	28.9971	120.3596	26.4		105.0	254.2	148.4	6.3
540	冷水	大溪	28.88737	120.36952	25.74	1.371	127.15	148.1	172	5.58
541	冷水	大溪	28.8971	120.3747	32.5		157.0	298.4	178.2	5.2
542	冷水	大溪	28.89778	120.3708	27.30		159.4	296.5	188.9	5
543	冷水	大溪	28.8984	120.3709	24.0		150.3	286.7	140.9	4.7
544	冷水	道川	28.8872	120.32143	33.86	1.682	167.58	213.7	144	4.48
545	冷水	河南	28.89385	120.3636	21.39	1.321	126.42	195.9	93	4.04
546	冷水	河南	28.89465	120.3637	28.02	1.448	137.44	257.2	116	3.84
547	冷水	河南	28.89778	120.3631	31.75		149.5	290.9	143.3	5.4
548	冷水	河南	28.9976	120.3625	30.8		179.5	422.7	226.7	4.8
549	冷水	胡山	28.9231	120.31783	36.49	1.635	153.61	339.1	308	5.13
550	冷水	冷水	28.89297	120.33867	25.49	1.393	125.68	257.6	165	4.84
551	冷水	潘潭	28.89145	120.31703	18.43	1.21	212.41	161.9	65	4.8
552	冷水	潘潭	28.89583	120.3172	23.28		132.1	353.9	204.1	4.9
553	冷水	潘潭	28.89833	120.3197	20.58		112.5	300.0	196.5	5.4
554	冷水	潘潭	28.9001	120.3231	24.72		160.6	308.1	287.6	5.3
555	冷水	潘潭	28.90056	120.3239	27.28		171.2	282.6	173.7	4.8
556	冷水	虬里	28.88842	120.33375	28.02	1.022	97.02	239.6	140	4.77
557	冷水	箬坑	28.91917	120.33532	25.12	1.33	119.07	269.2	362	4.95
558	冷水	箬坑	28.91917	120.33532	24.59	1.153	114.66	410.9	354	5.25
559	冷水	水坑弄	28.90738	120.34017	20.93	1.231	127.15	93.1	146	3.92
560	冷水	水坑弄	28.9271	120.3478	27.7		154.5	394.5	219.2	4.6
561	冷水	水坑弄	28.9272	120.3479	26.5		153.2	303.6	241.6	4.6
562	冷水	水坑弄	28.9301	120.3452	27.5		149.1	284.7	271.5	5.8
563	冷水	泗岩	28.87658	120.34035	32.23	1.762	152.88	286	273	4.64
564	冷水	西英	28.91917	120.33532	28.01	1.296	134.51	67.2	129	5.18
565	冷水	下村	28.8909	120.3803	35.2		185.6	228.0	200.6	4.3
566	冷水	下村	28.89222	120.3808	33.47		159.9	217.5	150.9	4.6
567	冷水	下村	28.8924	120.3804	32.1		180.8	294.0	204.3	4.8
568	冷水	小章	28.90553	120.3412	16.08	2.173	86.73	149.3	212	5.73
569	冷水	岩潭	28.9135	120.3472	21.7		118.7	223.8	267.7	5.1
570	冷水	岩潭	28.9149	120.3439	28.4		145.1	226.7	249.1	4.9

（续表）

编号	乡镇	村	北纬	东经	有机质（g/kg）	全氮（g/kg）	碱解氮（mg/kg）	有效磷（mg/kg）	速效钾（mg/kg）	pH
571	冷水	岩潭	28.91556	120.3489	27.80		158.3	220.5	295.2	5
572	冷水	岩潭	28.9181	120.34303	19.64	1.307	122.74	70.2	139	5.35
573	冷水	朱山	28.89518	120.35523	22.58	1.062	96.28	368.3	273	4.92
574	冷水	朱山	28.8958	120.3559	34.93	1.828	176.4	322.3	121	4.37
575	冷水	朱山	28.89833	120.3519	33.52		180.7	303.1	143.3	4.6
576	冷水	朱山	28.9011	120.3504	27.7		169.4	257.8	290.1	4.8
577	冷水	朱山	28.90125	120.3505	43.11	2.047	182.28	305.2	206	4.82
578	冷水	朱山	28.9021	120.3517	33.5		189.8	219.8	85.0	5.1
579	冷水	朱山	28.93673	120.3828	27.00		145.5	185.5	211.7	5
580	冷水	朱山	28.9968	120.3554	30.2		189.4	311.2	152.1	5
581	冷水	庄头	28.90042	120.3222	23.84	1.329	123.48	186.9	134	4.59
582	冷水	庄头	28.90111	120.3256	33.88		148.2	292.8	112.9	4.9
583	冷水	庄头	28.9012	120.3255	26.7		138.0	242.7	193.1	5.1
584	冷水	庄头	28.90194	120.3308	27.00		166.6	223.1	185.1	5
585	冷水	庄头	28.9023	120.3239	24.5		160.5	301.3	185.7	5.2
586	冷水	庄头	28.9128	120.3116	32.7		155.6	247.3	159.6	4.2
587	盘峰	大岭头	28.92153	120.4984	34.67	1.542	154.35	312.8	223	4.39
588	盘峰	大岭头	28.94055	120.54295	76.41	1.328	146.26	58	101	4.2
589	盘峰	横坑	28.92047	120.49825	23.92	1.22	132.3	173.3	74	4.49
590	盘峰	后甲	28.94694	120.6105	25.44		121.0	88.9	33.2	5.4
591	盘峰	后甲	28.9525	120.5903	28.20		127.8	129.6	104.9	4.7
592	盘峰	后甲	28.95333	120.5933	23.76		112.9	89.0	44.5	5.4
593	盘峰	黄坞	28.93153	120.50997	31.03	1.582	155.82	83	98	4.45
594	盘峰	榉溪	28.9281	120.7178	32.9		186.4	276.2	165.1	5
595	盘峰	榉溪	28.9289	120.5228	34.6		176.9	253.8	64.6	4.8
596	盘峰	榉溪	28.92908	120.52175	32.32	1.742	130.1	285	128	5.27
597	盘峰	榉溪	28.92917	120.5194	32.20		197.1	246.2	184.3	5.7
598	盘峰	榉溪	28.9304	120.50637	30.71	1.768	162.44	278	116	3.92
599	盘峰	榉溪	28.93056	120.5242	40.06		215.5	304.3	237.1	4.7
600	盘峰	榉溪	28.93083	120.5275	33.89		159.2	266.4	97.4	4.6
601	盘峰	榉溪	28.9313	120.5283	35.5		170.1	291.9	75.8	4.8
602	盘峰	岭脚	28.9268	120.50983	16.02	0.854	98.49	145.1	198	3.95
603	盘峰	岭脚	28.92883	120.5039	32.93	1.605	140.38	177.9	60	4.07
604	盘峰	麻车峡	28.85555	120.71568	27.08	1.534	141.12	206.3	81	4.4
605	盘峰	三佰	28.93333	120.5478	38.70		161.7	197.6	127.6	4.74
606	盘峰	三佰	28.93667	120.5419	31.41		149.8	75.0	82.3	4.7
607	盘峰	三佰	28.93822	120.53997	29.88	1.541	139.65	18.6	130	4.53
608	盘峰	三佰	28.9405	120.54297	28.78	1.495	154.35	192.5	111	4.05
609	盘峰	三佰	28.94207	120.54537	32.55	1.654	160.23	196.3	109	4.15
610	盘峰	三佰	28.9425	120.5477	41.1		181.0	361.7	72.0	4.6
611	盘峰	三佰	28.94313	120.55678	76.21	1.491	136.71	65.8	48	4.48
612	盘峰	三佰	28.94361	120.5561	32.78		146.0	98.5	63.4	4.6
613	盘峰	沙溪	28.93902	120.55582	31.61	1.732	155.82	293.4	125	3.89
614	盘峰	沙溪	28.94639	120.5689	31.56		143.3	232.4	214.5	4.9
615	盘峰	沙溪	28.9482	120.5689	33.7		165.0	232.7	113.0	4.9
616	盘峰	上佃	28.93855	120.53807	30.69	1.658	167.58	72.6	88	4.12
617	盘峰	樟村	28.93968	120.53617	26.24	1.537	167.58	116.9	94	4.09
618	盘峰	樟村	28.94008	120.5346	25.36	1.345	127.89	22.2	45	4.6
619	盘峰	樟村	28.9434	120.5456	38.5		182.3	118.2	42.3	4.9
620	盘峰	樟村	28.9436	120.5419	32.2		140.2	40.4	53.4	5.1
621	仁川	半坑	28.8677	120.41918	39.45	1.872	161.7	423.7	283	5.79
622	仁川	泊公坑	28.88427	120.44035	27.36	1.508	127.16	366.5	88	5.16
623	仁川	泊公坑	28.90562	120.41887	23.83	1.272	119.07	226.6	154	5.8
624	仁川	赤岩前	28.9028	120.4139	31.7		176.8	264.3	308.8	4.8
625	仁川	赤岩前	28.9051	120.4147	31.10		176.4	322.9	191.8	5
626	仁川	赤岩前	28.9052	120.4146	27.6		180.4	290.0	260.3	4.8
627	仁川	赤岩前	28.92367	120.42392	15.22	0.927	81.59	133.5	68	4.58

（续表）

编号	乡镇	村	北纬	东经	有机质(g/kg)	全氮(g/kg)	碱解氮(mg/kg)	有效磷(mg/kg)	速效钾(mg/kg)	pH
628	仁川	方山	28.88395	120.42138	44.23	2.385	219.77	223.4	132	5.28
629	仁川	方山	28.88768	120.41947	21.54	1.35	125.69	200.9	217	5.19
630	仁川	方山	28.88875	120.41753	17.24	1.088	110.99	59.7	61	4.89
631	仁川	方山	28.88975	120.4229	62.98	3.172	250.64	298.6	167	4.64
632	仁川	方山	28.8916	120.416	27.5		136.6	296.4	223.0	5.5
633	仁川	方山	28.8919	120.4119	39.8		240.1	183.9	126.0	5.3
634	仁川	方山	28.89194	120.4181	26.20		122.5	188.0	120.0	4.8
635	仁川	方山	28.892	120.4207	47.1		200.3	318.8	349.8	6.7
636	仁川	方山	28.8933	120.4091	29.5		186.1	201.5	387.1	5.3
637	仁川	方山	28.89778	120.425	29.68		129.0	330.5	327.8	5.6
638	仁川	方山	28.89944	120.4231	27.82		167.8	313.3	180.5	5.3
639	仁川	方山	28.9001	120.4249	10.13		41.6	3.5	56.5	5.8
640	仁川	方山	28.9007	120.4194	29.6		160.1	352.1	264.0	5.2
641	仁川	方山	28.90075	120.42145	22.39	1.492	149.21	240.4	276	5.76
642	仁川	方山	28.90083	120.4192	32.29		174.7	345.1	206.9	5.2
643	仁川	方山	28.90083	120.4253	28.24		159.5	391.6	240.9	5.5
644	仁川	方山	28.9009	120.4251	30.9		166.5	407.8	275.2	5.8
645	仁川	方山	28.9599	120.4243	32.8		181.3	379.4	260.3	5.3
646	仁川	滚涛	28.85393	120.4369	43.51	2.126	235.2	176.5	120	4.4
647	仁川	滚涛	28.8585	120.44013	40.14	1.958	180.08	114.8	112	4.89
648	仁川	滚涛	28.88903	120.40393	21.41	1.222	130.1	144.7	102	4.59
649	仁川	后卢	28.90139	120.4167	33.51		162.6	258.7	165.4	4.7
650	仁川	后塘	28.89278	120.4111	29.03		151.7	92.9	82.3	5
651	仁川	胡八坑	28.86868	120.47522	38.56	2.184	219.77	79.4	53	4.54
652	仁川	胡八坑	28.87095	120.49318	18.03	0.972	88.94	186.3	62	5.01
653	仁川	胡八坑	28.87332	120.49402	34.58	1.99	183.75	176.3	71	4.62
654	仁川	胡庄	28.8711	120.3619	32.44		191.6	38.3	116.5	4.5
655	仁川	胡庄	28.9234	120.44803	16.7	1.998	102.9	117.5	173	4.62
656	仁川	黄余田	28.8924	120.4047	50.0		172.9	330.0	211.8	5.2
657	仁川	黄余田	28.8934	120.3975	18.3		204.7	677.4	383.4	5.9
658	仁川	黄余田	28.8951	120.3984	29.5		144.7	42.7	121.0	5.3
659	仁川	黄余田	28.8999	120.3912	16.6		97.3	42.4	211.8	5.3
660	仁川	黄余田	28.9013	120.4049	32.1		152.6	603.0	521.4	5.1
661	仁川	岭下	28.88868	120.38928	27.08	1.619	138.92	321.4	139	4.91
662	仁川	岭下	28.90495	120.42727	28.21	1.666	153.62	192.7	116	4.36
663	仁川	流岸	28.9002	120.4154	26.5		138.9	290.1	368.4	6.1
664	仁川	柳岸	28.90038	120.41678	23.18	1.471	131.57	106.8	105	5.15
665	仁川	柳波	28.90247	120.40565	32.28	1.922	181.54	443	201	3.93
666	仁川	柳波	28.9036	120.4066	72.9		281.2	0.5	80.0	5.4
667	仁川	柳波	28.90412	120.40908	31.1	2.02	199.92	227	179	3.95
668	仁川	柳坡	28.9038	120.4066	44.1		257.2	575.9	226.7	4.7
669	仁川	柳坡	28.9044	120.4092	51.3		177.5	0.7	50.2	7.2
670	仁川	柳坡	28.9059	120.4087	66.4		255.2	1.3	117.3	6.4
671	仁川	马岭	28.8572	120.47562	34.41	1.557	153.62	255.2	285	4.93
672	仁川	马岭	28.8572	120.47641	33.19	1.592	165.38	284.8	305	5.12
673	仁川	马岭	28.8587	120.45807	61.47	2.876	280.77	164.1	159	4.29
674	仁川	潘田	28.88468	120.37552	25.33	1.264	119.81	127.1	379	5.12
675	仁川	潘田	28.8879	120.3861	31.9		167.6	214.3	133.5	4.7
676	仁川	平象	28.8867	120.47133	42.71	2.278	210.21	290.4	237	3.91
677	仁川	平象	28.88747	120.4731	53.58	2.58	272.69	379.1	247	4.41
678	仁川	平象	28.88865	120.47298	24.73	1.454	143.33	162.5	140	4.43
679	仁川	平子坑	28.90383	120.43673	22.28	1.401	122.75	154.9	128	4.67
680	仁川	西产	28.85782	120.47415	40.69	2.089	113.93	167.9	95	4.87
681	仁川	西宅	28.88997	120.39117	26.44	1.55	133.77	125.9	157	5.04
682	仁川	下村	28.8908	120.37448	25.31	1.379	116.87	194.5	202	4.87
683	仁川	下余	28.8422	120.4706	51.52	2.434	181.55	280	124	4.36
684	仁川	杨宅	28.88853	120.37512	14.66	1.004	95.55	109	102	5.29

（续表）

编号	乡镇	村	北纬	东经	有机质（g/kg）	全氮（g/kg）	碱解氮（mg/kg）	有效磷（mg/kg）	速效钾（mg/kg）	pH
685	仁川	杨宅	28. 89083	120. 4014	36. 58		165. 5	369. 1	184. 3	5. 6
686	仁川	杨宅	28. 8915	120. 4013	32. 6		179. 5	529. 3	219. 2	4. 6
687	仁川	杨宅	28. 89389	120. 3972	34. 78		168. 5	381. 6	233. 4	5. 1
688	仁川	杨宅	28. 89417	120. 4053	31. 36		165. 9	313. 1	278. 7	5. 1
689	仁川	洋庄	28. 8556	120. 383	29. 4		160. 0	217. 2	148. 4	4. 3
690	仁川	洋庄	28. 85922	120. 35887	24. 2	1. 46	144. 8	189. 3	134	4. 79
691	仁川	洋庄	28. 8773	120. 3713	25. 8		148. 5	178. 4	211. 8	5
692	仁川	洋庄	28. 8793	120. 3727	31. 8		187. 6	83. 2	111. 1	4. 7
693	仁川	洋庄	28. 8845	120. 3749	33. 0		153. 9	293. 9	193. 1	4. 3
694	仁川	洋庄	28. 88528	120. 3761	37. 89		211. 1	343. 6	204. 1	4. 9
695	仁川	洋庄	28. 88556	120. 3825	31. 77		148. 1	270. 6	150. 0	4. 9
696	仁川	洋庄	28. 8859	120. 3761	40. 3		208. 1	456. 1	219. 2	4. 7
697	仁川	洋庄	28. 8861	120. 3809	38. 5		224. 1	318. 4	174. 5	4. 8
698	仁川	洋庄	28. 8869	120. 3768	31. 0		162. 5	336. 3	293. 8	5. 9
699	仁川	洋庄	28. 88806	120. 3872	32. 67		170. 7	169. 4	199. 4	4. 8
700	仁川	洋庄	28. 88917	120. 3794	26. 88		135. 7	230. 2	131. 9	5
701	仁川	洋庄	28. 9037	120. 40042	38. 27	1. 886	176. 4	316. 6	149	5. 27
702	仁川	张圩	28. 8991	120. 50115	32. 1	1. 665	137. 45	76. 6	60	4. 83
703	尚湖	板榧	29. 11274	120. 633927	8. 37	0. 522	43. 37	1. 9	158	4. 81
704	尚湖	板榧	29. 11356	120. 6347	41. 84		191. 5	165. 9	164. 0	4. 6
705	尚湖	板榧	29. 11401	120. 63652	33. 87	1. 882	166. 85	134. 5	68	4. 92
706	尚湖	板榧	29. 1141	120. 6546	38. 0		163. 7	66. 2	42. 8	5. 4
707	尚湖	板榧	29. 11498	120. 63613	36. 48	2. 232	157. 29	81. 6	41	5. 06
708	尚湖	板榧	29. 11561	120. 6368	43. 43		182. 6	98. 6	64. 0	5
709	尚湖	板榧	29. 11567	120. 63885	41. 15	2. 419	218. 3	68. 2	41	5. 02
710	尚湖	陈董	29. 12128	120. 65335	23. 81	1. 287	125. 69	62	44	5. 77
711	尚湖	陈董	29. 12231	120. 65654	26. 6	1. 342	127. 15	101	128	4. 59
712	尚湖	陈董	29. 12337	120. 6583	28. 50		151. 2	73. 7	116. 5	4. 7
713	尚湖	陈董	29. 12347	120. 6564	28. 30		156. 9	85. 7	142. 8	4. 7
714	尚湖	陈董	29. 1247	120. 6502	26. 0		150. 0	67. 1	114. 7	4. 4
715	尚湖	大家古	29. 10722	120. 59265	18. 78	0. 981	104. 37	45. 6	250	5. 02
716	尚湖	大家古	29. 10745	120. 59272	30. 91	1. 871	168. 69	116. 1	72	4. 6
717	尚湖	大王村	29. 12523	120. 6425	27. 16	1. 679	139. 65	104	117	4. 58
718	尚湖	大王村	29. 13108	120. 6492	20. 44		81. 0	83. 4	105. 3	4. 6
719	尚湖	大王村	29. 13157	120. 63432	22. 55	1. 48	126. 42	103. 1	98	4. 75
720	尚湖	大王村	29. 13345	120. 64287	21. 88	1. 439	112. 45	152. 5	188	4. 38
721	尚湖	大王村	29. 13404	120. 63701	38. 32	2. 279	189. 63	10. 6	69	5. 03
722	尚湖	大王村	29. 1354	120. 6386	36. 4		168. 6	121. 2	36. 1	5
723	尚湖	大王村	29. 13593	120. 63808	21. 38	1. 355	90. 41	22. 6	64	4. 91
724	尚湖	大王村	29. 1383	120. 6422	24. 83	1. 464	116. 87	29. 7	46	4. 81
725	尚湖	大王村	29. 1398	120. 6371	23. 86	1. 515	131. 57	112. 2	40	4. 77
726	尚湖	大王村	29. 14025	120. 6436	40. 81		208. 3	187. 4	154. 0	4. 5
727	尚湖	大王村	29. 14056	120. 642	40. 58		211. 0	177. 1	270. 3	4. 2
728	尚湖	大王村	29. 1411	120. 6465	41. 5		209. 6	182. 8	155. 9	5. 3
729	尚湖	大王村	29. 14186	120. 6469	30. 51		160. 0	76. 4	97. 8	4. 8
730	尚湖	杜家庄	29. 12749	120. 70836	42. 03	2. 16	202. 86	142. 3	158	4. 58
731	尚湖	杜家庄	29. 12938	120. 71048	31. 72	1. 616	152. 15	76. 4	71	4. 85
732	尚湖	杜家庄	29. 12957	120. 71513	18. 26	0. 91	79. 38	58. 2	55	4. 78
733	尚湖	荷花塘	29. 16071	120. 66073	30. 55	1. 776	169. 05	205. 5	174	5. 1
734	尚湖	荷花塘	29. 1612	120. 66779	18. 79	1. 286	110. 25	53. 4	43	6. 16
735	尚湖	后岩	29. 15344	120. 62059	25. 84	1. 475	111. 72	83. 8	31	4. 68
736	尚湖	黄岭坑	29. 13192	120. 60341	35. 67	1. 9	158. 03	204. 2	57	4. 87
737	尚湖	黄岭坑	29. 13238	120. 6088	25	1. 386	133. 78	48. 7	70	6. 08
738	尚湖	黄岩前	29. 11671	120. 6183	34. 05	2. 098	186. 69	155. 5	51	4. 98
739	尚湖	黄岩前	29. 11766	120. 61701	30. 76	1. 763	152. 15	75	38	5. 02
740	尚湖	黄岩前	29. 1184	120. 6158	45. 2		172. 5	228. 8	87. 8	4. 7
741	尚湖	黄岩前	29. 11856	120. 6156	41. 80		157. 7	144. 1	62. 8	5. 1

（续表）

编号	乡镇	村	北纬	东经	有机质 (g/kg)	全氮 (g/kg)	碱解氮 (mg/kg)	有效磷 (mg/kg)	速效钾 (mg/kg)	pH
742	尚湖	黄岩前	29.11968	120.6115	19.97	1.123	116.87	86.4	87	4.76
743	尚湖	黄岩前	29.1197	120.6094	34.7		157.3	50.3	42.8	5.5
744	尚湖	黄岩前	29.11994	120.6094	33.72		166.4	98.1	74.0	5.1
745	尚湖	栗树山	29.11279	120.62387	33.81	1.912	184.56	175	46	5.11
746	尚湖	栗树山	29.1137	120.62263	26.58	1.663	153.62	133.9	145	4.87
747	尚湖	岭干	29.09322	120.64687	38.25	2.415	176.4	228.2	200	5.16
748	尚湖	岭干	29.09391	120.64657	31.35	1.695	160.23	68.8	67	4.89
749	尚湖	岭干	29.09404	120.64787	48.86	2.201	202.86	104.4	173	4.73
750	尚湖	岭干	29.09491	120.64596	51.77	2.86	259.46	285.2	415	4.96
751	尚湖	岭干	29.09647	120.64692	30.29	1.452	140.39	114.1	40	4.85
752	尚湖	路头	29.15611	120.6793	40.34		203.8	175.0	120.3	4.5
753	尚湖	马南山	29.10658	120.62592	20.48	1.235	124.22	181.5	281	4.58
754	尚湖	马南山	29.10749	120.62501	53.51	3.111	167.22	378.3	891	5.78
755	尚湖	马南山	29.1127	120.6244	44.8		194.2	146.7	42.8	5.3
756	尚湖	倪董	29.12122	120.65445	22.65	1.114	199.19	144.1	136	4.33
757	尚湖	倪董	29.1234	120.658	30.6		140.0	75.4	73.5	5.2
758	尚湖	倪董	29.12371	120.64995	20.14	0.98	87.47	8.8	52	4.77
759	尚湖	倪董	29.1238	120.655	35.0		207.0	181.3	54.8	4.8
760	尚湖	倪董	29.12572	120.6504	30.53		135.5	22.5	49.0	5.2
761	尚湖	倪董	29.1285	120.6507	39.1		187.5	178.2	114.7	4.6
762	尚湖	农家湖口	29.11221	120.62427	31.3	1.664	191.84	148.7	167	4.41
763	尚湖	农家湖口	29.11281	120.6237	43.00		184.2	158.2	89.0	5.2
764	尚湖	农家湖口	29.11304	120.62209	46.21	2.382	185.22	234.7	172	4.3
765	尚湖	山宅	29.13274	120.67418	40.22	2.257	186.69	177.9	105	5.16
766	尚湖	山宅	29.13327	120.67357	27.56	1.593	142.59	125.1	47	4.49
767	尚湖	山宅	29.13372	120.67244	43.93	2.693	240.35	375.7	187	4.82
768	尚湖	山宅	29.13473	120.67233	37.07	2.076	190.37	231	84	4.94
769	尚湖	山宅	29.13551	120.67653	37.1	2.209	180.81	211.9	83	5.12
770	尚湖	山宅	29.1438	120.6673	37.8		198.3	134.6	69.8	4.3
771	尚湖	上高亭	29.17046	120.66894	32.47	1.369	114.66	133.3	125	4.13
772	尚湖	上高亭	29.17349	120.66587	27.69	1.502	144.06	26	30	4.43
773	尚湖	上炉坑	29.15411	120.61439	25.21	1.394	133.77	57	23	4.38
774	尚湖	上炉坑	29.15573	120.61526	30.51	1.777	162.44	51.2	8	4.6
775	尚湖	上溪滩	29.15436	120.67666	31.77	1.52	135.98	41.2	92	5.04
776	尚湖	上溪滩	29.15565	120.66961	26.99	1.413	149.94	127.7	152	4.51
777	尚湖	上溪滩	29.15575	120.66772	28.29	1.407	120.54	163.3	264	5.06
778	尚湖	上溪滩	29.1563	120.6727	27.4		136.0	53.9	32.3	4.9
779	尚湖	上溪滩	29.15837	120.67145	16.29	0.849	88.2	67.6	47	4.67
780	尚湖	上溪滩	29.15886	120.6707	25.22		116.0	112.7	117.5	4.9
781	尚湖	上溪滩	29.15889	120.6722	29.30		164.9	95.2	144.0	4.7
782	尚湖	上溪滩	29.15992	120.6736	25.30		113.8	99.1	178.0	4.9
783	尚湖	上溪滩	29.16078	120.6724	29.94		139.0	92.1	140.2	4.9
784	尚湖	上溪滩	29.1619	120.6636	55.7		242.7	195.1	140.9	5.6
785	尚湖	上溪滩	29.16208	120.6707	39.55		200.3	144.2	139.0	5.7
786	尚湖	上溪滩	29.1646	120.6711	35.9		184.3	334.5	92.2	4
787	尚湖	上溪滩	29.1691	120.6702	37.0		114.5	192.3	77.3	5.3
788	尚湖	上袁	29.16471	120.65196	30.59	1.582	147	165.7	72	4.28
789	尚湖	上袁	29.16771	120.65712	28.24	1.464	138.18	149.7	71	4.32
790	尚湖	尚湖	29.14008	120.65063	30.67	1.604	141.86	180.1	320	4.17
791	尚湖	尚湖	29.1408	120.65193	25.41	1.404	130.83	37	39	4.78
792	尚湖	尚湖	29.1415	120.6663	36.68		186.2	175.3	86.5	4.5
793	尚湖	尚湖	29.14289	120.6674	32.70		185.2	100.0	94.0	4.5
794	尚湖	尚湖	29.14579	120.65275	26.34	1.636	230.06	98	219	4.94
795	尚湖	尚湖	29.14633	120.65501	22.11	1.242	99.96	35	65	5.07
796	尚湖	尚湖	29.1465	120.6528	33.3		190.4	93.6	200.3	4.7
797	尚湖	尚湖	29.14717	120.66683	28.56	1.587	141.86	69.6	80	5.15
798	尚湖	尚湖	29.14744	120.652	44.04		206.7	86.4	193.1	6.3

（续表）

编号	乡镇	村	北纬	东经	有机质 （g/kg）	全氮 （g/kg）	碱解氮 （mg/kg）	有效磷 （mg/kg）	速效钾 （mg/kg）	pH
799	尚湖	尚湖	29.14813	120.65078	23.28	1.798	285.92	236.6	356	4.48
800	尚湖	尚湖	29.15017	120.661	30.10		150.6	72.0	67.0	4.8
801	尚湖	尚湖	29.15021	120.64545	34.22	1.993	169.42	128	33	5.04
802	尚湖	尚湖	29.15261	120.6664	30.19		168.1	50.7	71.5	4.9
803	尚湖	尚湖	29.1532	120.6656	43.3		219.1	86.4	73.5	5.5
804	尚湖	尚湖	29.15444	120.6638	27.45		136.1	88.6	52.8	4.3
805	尚湖	尚湖	29.15578	120.6608	33.20		174.6	20.8	64.0	4.5
806	尚湖	尚湖	29.15578	120.6681	48.10		229.7	153.1	109.0	4.9
807	尚湖	尚路研	29.09685	120.60386	28.25	1.53	141	81.6	182	4.25
808	尚湖	尚路研	29.09706	120.59987	34.24	1.94	180.81	433.4	229	4.45
809	尚湖	尚路研	29.09819	120.59798	24.6	1.494	163.91	41	54	5.19
810	尚湖	市岭下	29.14874	120.68674	43.24	2.357	213.15	284.8	62	4.59
811	尚湖	市岭下	29.1488	120.689	43.33		220.2	89.7	124.0	5.3
812	尚湖	市岭下	29.14908	120.68891	39.38	2.144	186.69	210.5	56	4.89
813	尚湖	市岭下	29.1491	120.6859	34.53		227.5	198.2	105.3	4.9
814	尚湖	市岭下	29.14916	120.68537	44.27	2.554	238.14	294.4	166	4.65
815	尚湖	市岭下	29.15156	120.6791	37.87		168.6	273.2	90.3	4.9
816	尚湖	同田	29.1068	120.60473	30.56	1.83	180.08	148.3	83	4.24
817	尚湖	同田	29.1074	120.60196	21.22	1.199	94.45	20.4	27	4.99
818	尚湖	同田	29.10904	120.6009	24.81	1.315	111.36	40.6	67	4.73
819	尚湖	同田	29.11111	120.60032	34.48	2.117	213.15	172.1	228	4.22
820	尚湖	外山塘	29.15656	120.62669	32.28	1.581	138.18	70.6	149	4.82
821	尚湖	五家山	29.12505	120.64507	32.69	1.941	165.38	151.9	97	4.07
822	尚湖	五家山	29.12643	120.64851	26.28	1.664	131.57	112.6	34	4.77
823	尚湖	五家山	29.12872	120.6506	35.93		174.2	160.3	52.8	4.5
824	尚湖	西岭	29.12221	120.59375	18.7	0.971	88.2	136.1	164	4.42
825	尚湖	西岭	29.12304	120.5919	27.94	1.612	137.82	242.8	95	4.66
826	尚湖	下溪滩	29.15955	120.67213	26.12	1.274	132.3	211.1	229	4.54
827	尚湖	下溪滩	29.1669	120.677	41.0		211.5	189.8	77.3	5
828	尚湖	下溪滩	29.16691	120.67709	39.97	1.99	161.7	27.4	66	4.68
829	尚湖	下溪滩	29.16737	120.67067	47.06	1.885	188.9	275.2	274	4.25
830	尚湖	下溪滩	29.1708	120.6772	49.9		225.6	31.0	155.9	5
831	尚湖	下袁	29.17002	120.65688	19.42	1.205	97.76	41.8	67	4.5
832	尚湖	下袁	29.17203	120.65987	19.86	1.014	74.97	22.2	68	4.32
833	尚湖	下袁	29.17298	120.66459	18.99	0.991	92.61	35.8	73	4.46
834	尚湖	下袁	29.17299	120.66443	29.89	1.801	147	91.2	106	4.29
835	尚湖	下袁	29.1735	120.6621	25.8		133.6	24.0	88.5	5.5
836	尚湖	下袁	29.17417	120.6665	19.43		189.3	51.6	105.3	3.9
837	尚湖	下袁	29.17561	120.6664	25.15		118.7	30.2	135.3	5.6
838	尚湖	下袁	29.1758	120.686	28.2		148.9	43.8	260.7	4.7
839	尚湖	下袁	29.1774	120.6678	26.1		145.2	65.5	77.3	4.5
840	尚湖	下袁	29.17825	120.65978	23.05	1.087	63.95	12	85	4.57
841	尚湖	下宅口	29.14375	120.67217	41.57	1.498	127.16	63.2	90	4.86
842	尚湖	下宅口	29.1471	120.6654	44.2		221.1	226.2	99.7	5.1
843	尚湖	小坑门	29.10608	120.64007	28.63	1.463	132.3	38.6	61	4.85
844	尚湖	小坑门	29.11028	120.64379	35.97	1.708	158.76	108.8	115	4.51
845	尚湖	忠信庄	29.13114	120.63393	25.65	1.684	123.48	87.2	129	4.66
846	尚湖	忠信庄	29.13179	120.62591	27.96	1.621	127.16	135.3	104	4.47
847	尚湖	忠信庄	29.13352	120.62682	24.98	1.635	136.71	83	3.97	4.7
848	尚湖	忠信庄	29.1343	120.6348	34.2		279.2	210.4	238.2	4.1
849	尚湖	忠信庄	29.1343	120.6293	48.5		222.6	95.3	47.3	5.1
850	尚湖	忠信庄	29.13523	120.63369	33.76	2.016	176.4	263.3	114	4.33
851	尚湖	忠信庄	29.13625	120.62711	26.6	1.676	125.69	28.4	42	4.54
852	深泽	翠坞	28.9862	120.4304	20.01	0.957	95.55	118.5	416	4.75
853	深泽	道士岙	28.9925	120.405	26.38		167.2	30.2	128.1	4.9
854	深泽	道士岙	28.9927	120.4056	26.9		168.2	61.4	158.3	4.9
855	深泽	道士岙	28.9928	120.4066	39.26		248.5	331.0	658.8	5.8

附表　磐安县部分耕地土壤分析结果汇总表（2009—2017 年）

（续表）

编号	乡镇	村	北纬	东经	有机质（g/kg）	全氮（g/kg）	碱解氮（mg/kg）	有效磷（mg/kg）	速效钾（mg/kg）	pH
856	深泽	道士岙	28.99293	120.40649	25.15	1.435	163.91	35	110	5.14
857	深泽	道士岙	28.99355	120.40753	32.54	1.493	149.94	83.8	292	4.86
858	深泽	道士岙	28.9944	120.4102	39.3		253.7	364.2	815.0	5.8
859	深泽	道士岙	28.9947	120.4103	35.00		229.5	125.1	430.9	6.1
860	深泽	道士岙	28.9963	120.3977	22.9		155.0	48.7	154.6	4.7
861	深泽	殿口	29.0147	120.4124	28.87		144.1	43.5	83.7	5.4
862	深泽	殿口	29.01533	120.41284	27.62	1.352	141.86	62.8	136	5.43
863	深泽	殿口	29.0447	120.4124	30.1		153.2	79.7	83.7	4.9
864	深泽	后力	28.98184	120.42947	26.38	1.398	149.94	30.6	81	4.93
865	深泽	后力	28.9864	120.4323	27.3		144.3	30.3	68.8	4.8
866	深泽	金钩	28.99326	120.41699	30.24	2.016	168.32	350.7	888	4.65
867	深泽	六冲	28.9915	120.4296	30.0		180.5	17.8	109.8	5.4
868	深泽	六冲	28.9922	120.4234	23.5		174.1	32.5	124.8	5.2
869	深泽	六冲	28.99351	120.42527	12.87	0.593	66.89	98.1	102	5.42
870	深泽	六冲	28.99368	120.4285	25.06	1.454	127.16	7.1	66	5.61
871	深泽	六冲	28.99426	120.42349	23.04	1.091	119.07	14.3	112	5.63
872	深泽	六冲	28.9955	120.4267	27.6		165.2	7.0	20.3	6.3
873	深泽	罗家	29.01128	120.41159	23.5	1.184	125.69	14.1	96	5.19
874	深泽	罗家	29.0117	120.4115	25.9		155.6	65.4	236.7	4.8
875	深泽	马道山	28.97869	120.40375	17.85	1.041	68.3	19.4	163	5.2
876	深泽	马祥	28.93384	120.47039	47.14	2.504	219.77	134.3	32	4.6
877	深泽	南坞	28.9938	120.4219	23.28		146.4	32.8	150.9	5.1
878	深泽	南坞	28.99413	120.42119	23.78	1.289	138.18	3.3	51	5.47
879	深泽	森渥	28.97435	120.42349	20.16	1.167	116.13	344.5	315	4.55
880	深泽	上产	28.97525	120.41489	14.95	0.811	94.82	49.6	173	4.95
881	深泽	上产	28.97619	120.4356	17.52	1.077	88.2	34.2	243	4.97
882	深泽	上亨堂	28.97837	120.41002	14.99	0.901	107.31	143.1	214	4.88
883	深泽	上横	28.97927	120.43873	21.03	1.121	119.07	98.8	40	4.89
884	深泽	深二	28.9997	120.4169	29.2		180.5	11.1	65.1	5.3
885	深泽	深三	29.00253	120.40737	22.56	1.244	133.77	4.1	45	5.15
886	深泽	深四	29.00466	120.40683	27.69	1.487	155.09	55	163	5
887	深泽	深一	28.99764	120.41739	30.16	1.623	164.64	21.6	252	5.05
888	深泽	深泽	28.9774	120.4091	26.5		148.7	16.5	35.2	5.7
889	深泽	屋楼	29.0136	120.4181	28.7		159.6	50.3	191.9	6.1
890	深泽	屋楼	29.1339	120.41756	16.63	0.899	99.23	150.3	210	5
891	深泽	仰头	29.0025	120.4155	19.92		115.0	68.0	206.8	4.8
892	深泽	仰头	29.0031	120.4187	32.96		222.4	259.0	229.0	3.8
893	深泽	仰头	29.00541	120.41645	30.77	1.368	141.86	6.1	82	5.18
894	深泽	源头	28.96771	120.46249	36.02	1.869	196.99	140.9	125	4.72
895	深泽	源头	28.97138	120.6237	36.86	1.957	191.84	98.8	143	5.2
896	深泽	源头	28.98749	120.41614	32.52	1.761	166.11	10.4	117	5.24
897	双峰	东坑	28.92607	120.45335	33.91	1.581	155.08	208.5	122	4.6
898	双峰	东坑	28.9389	120.4577	39.4		215.5	224.9	237.9	6.1
899	双峰	东坑	28.94028	120.4572	30.87		154.4	182.8	146.5	5.9
900	双峰	东坑	28.9409	120.457	30.9		174.7	125.8	144.6	5.7
901	双峰	东坑	28.9431	120.4569	34.8		188.7	366.4	320.0	7.3
902	双峰	东坑	28.9461	120.4595	31.9		179.7	239.9	133.5	4.7
903	双峰	横塘	28.90417	120.4397	31.16		158.5	215.3	135.2	5.2
904	双峰	流岸	28.9038	120.427	30.0		181.3	313.7	185.7	5.4
905	双峰	皿二	28.91892	120.46898	21.54	1.012	112.46	27.4	148	5.02
906	双峰	皿二	28.9225	120.47955	29.85	1.567	156.56	74.4	76	4.89
907	双峰	皿三	28.9288	120.4575	38.1		190.0	312.7	252.8	4.7
908	双峰	皿三	28.9289	120.4556	30.0		232.4	272.2	193.0	5.3
909	双峰	皿三	28.9295	120.461	30.6		160.1	105.3	181.9	4.6
910	双峰	皿三	28.9309	120.4624	41.4		255.7	391.1	174.5	4.6
911	双峰	皿四	28.9241	120.45415	32.77	1.919	179.34	273	99	4.89
912	双峰	皿四	28.93111	120.4561	32.05		150.0	278.4	146.5	4.7

（续表）

编号	乡镇	村	北纬	东经	有机质 （g/kg）	全氮 （g/kg）	碱解氮 （mg/kg）	有效磷 （mg/kg）	速效钾 （mg/kg）	pH
913	双峰	皿四	28.93111	120.4561	34.56		157.3	330.9	135.2	6
914	双峰	皿四	28.9312	120.4561	35.6		181.7	405.7	252.8	4.8
915	双峰	皿四	28.9343	120.4565	31.4		183.8	120.3	129.7	4.6
916	双峰	皿四	28.93467	120.45385	40.3	1.803	173.46	81.4	136	4.44
917	双峰	皿四	28.93678	120.45433	41.48	2.049	188.89	220	91	4.7
918	双峰	皿四	28.9371	120.4574	30.2		183.0	180.8	111.1	5.2
919	双峰	皿一	28.9106	120.4516	36.5		191.3	222.7	219.2	5.4
920	双峰	皿一	28.9126	120.4521	22.7		108.4	134.4	185.7	5.2
921	双峰	皿一	28.9168	120.4565	40.6		173.2	261.5	181.9	5.1
922	双峰	皿一	28.9182	120.4536	39.0		180.2	329.9	122.3	4.8
923	双峰	皿一	28.9183	120.453	41.1		167.6	336.7	219.2	4.3
924	双峰	皿一	28.92137	120.45535	21.91	1.414	147.74	290.8	113	5.16
925	双峰	溪上	28.93083	120.4625	34.38		196.3	361.7	123.8	4.5
926	双峰	溪上	28.94087	120.46942	28.01	1.997	185.22	242.2	151	4.86
927	双峰	溪上	28.95232	120.48165	44.99	2.37	222.71	263.8	59	4.88
928	双峰	溪下	28.9045	120.4392	37.5		150.4	277.8	230.4	5.6
929	双峰	溪下	28.9047	120.4346	26.8		145.9	299.6	260.3	5
930	双峰	溪下	28.90488	120.43878	13.79	0.821	87.46	64.2	110	5.01
931	双峰	溪下	28.9061	120.414	23.4		111.3	312.1	338.6	5.2
932	双峰	溪下	28.9081	120.4412	24.7		137.3	282.5	249.1	5.5
933	双峰	溪下	28.9082	120.4421	30.7		143.2	265.6	200.6	5.9
934	双峰	溪下	28.90908	120.43797	23.75	1.366	130.83	206.3	202	4.59
935	双峰	溪下	28.9132	120.4418	25.1		137.9	195.9	178.2	5.4
936	双峰	溪下	28.9149	120.4428	24.1		128.1	107.0	237.9	4.9
937	双峰	溪下	28.91797	120.43812	27.68	1.414	143.33	88.2	43	4.65
938	双峰	溪下	28.91845	120.43943	30.36	1.578	149.94	207.7	81	4.7
939	双峰	皂坑	28.9045	120.4326	20.3		123.8	181.4	189.4	4.5
940	双峰	皂坑	28.91444	120.4417	27.00		145.6	252.8	214.5	5.2
941	双峰	皂坑	28.9147	120.4412	33.3		215.7	314.0	226.7	4.7
942	双峰	皂坑	28.9165	120.4399	30.8		161.2	291.1	338.6	5.4
943	双峰	皂坑	28.9169	120.4409	26.4		171.4	378.7	223.0	4.8
944	双峰	皂坑	28.9186	120.4419	28.7		173.4	205.4	230.4	5
945	双峰	皂坑	28.9199	120.4442	30.3		181.9	132.5	193.1	5.2
946	双溪	付宅	29.09725	120.5205	26.24	1.522	144.06	76.2	42	4.7
947	双溪	傅宅	29.11214	120.5122	27.11		142.8	198.6	182.8	4.3
948	双溪	傅宅	29.1128	120.5223	25.5		277.2	516.6	609.0	5.1
949	双溪	傅宅	29.1138	120.5116	23.30		136.8	176.9	209.0	4
950	双溪	横山	29.1551	120.53625	26.02	1.418	144.06	255.2	413	4.65
951	双溪	横塘	29.1512	120.52273	28.59	1.414	152.88	143.1	90	4.58
952	双溪	横塘	29.15367	120.42523	24.24	1.162	125.32	37.4	57	4.72
953	双溪	横塘	29.15458	120.52645	27.12	1.231	131.56	148.5	166	4.68
954	双溪	后田	29.11253	120.5178	16.20		88.8	84.1	186.5	5.1
955	双溪	后田	29.11293	120.51728	11.9	0.477	46.3	29	215	7
956	双溪	甲口宅	29.10917	120.522	23.74		132.9	71.1	55.3	5.2
957	双溪	甲口宅	29.11062	120.52388	19.62	0.974	110.98	232.8	134	4.7
958	双溪	金鹅	29.1021	120.5293	29.8		163.2	148.2	155.3	4.9
959	双溪	金鹅	29.10952	120.52128	33.6	1.726	181.54	13	47	5.45
960	双溪	金鹅	29.1103	120.53092	14.4	0.79	84.52	82.4	117	4.78
961	双溪	坎头	29.03915	120.53975	29.67	1.85	256.52	170.6	436	4.7
962	双溪	礼府	29.1099	120.53122	17.49	0.991	116.86	123.9	106	3.8
963	双溪	礼府	29.1163	120.5233	30.0		159.0	167.5	65.3	5
964	双溪	礼府	29.11642	120.5293	32.60		160.4	187.0	66.5	5.3
965	双溪	礼府	29.11694	120.5317	23.95		112.3	106.9	44.0	5.1
966	双溪	礼府	29.11697	120.5257	18.07	0.897	99.22	86.8	52	4.8
967	双溪	礼府	29.1176	120.5406	29.7		137.9	236.0	31.5	4.9
968	双溪	礼府	29.12057	120.52292	32.31	1.677	160.96	205.5	40	4.55
969	双溪	礼府	29.12143	120.53508	22.6	1.377	131.2	51.4	68	4.65

（续表）

编号	乡镇	村	北纬	东经	有机质 (g/kg)	全氮 (g/kg)	碱解氮 (mg/kg)	有效磷 (mg/kg)	速效钾 (mg/kg)	pH
970	双溪	礼府	29.12192	120.5357	33.64		162.6	118.2	62.8	5.2
971	双溪	丽坑	29.08223	120.5256	21.36	1.17	176.4	308.2	227	4.35
972	双溪	丽坑	29.09405	120.52298	27.5	1.458	159.12	46.6	32	4.83
973	双溪	丽坑	29.1019	120.5164	23.2		149.0	97.3	46.5	4.5
974	双溪	潘庄	29.1316	120.5011	32.28		158.7	172.3	92.8	5.2
975	双溪	潘庄	29.13708	120.49733	18.43	0.978	86.73	99.4	80	4.98
976	双溪	潘庄	29.1405	120.4997	12.3		67.5	15.5	102.8	5.9
977	双溪	潘庄	29.1406	120.4991	22.1		180.3	93.4	136.5	4.6
978	双溪	潘庄	29.14075	120.4979	20.59		104.1	67.0	85.3	5
979	双溪	潘庄	29.15035	120.49157	28.6	1.448	136.71	70.4	78	5.59
980	双溪	其良坑	29.13322	120.54942	16.5	0.91	95.55	217.4	145	4.28
981	双溪	山旱里	29.0562	120.53762	15.64	0.834	91.88	125.7	96	4.32
982	双溪	史姆	29.1037	120.5029	33.3		124.7	75.4	31.5	4.9
983	双溪	史姆	29.12398	120.5093	28.19	1.814	208.74	112	72	4.4
984	双溪	史姆	29.12517	120.50082	26.46	1.44	142.59	200.3	74	4.74
985	双溪	史姆	29.1252	120.5061	23.2		122.0	89.3	24.0	5.1
986	双溪	史姆	29.12522	120.5052	33	1.765	156.56	226.6	300	4.75
987	双溪	史姆	29.12681	120.5051	22.79		113.9	24.8	89.0	5.3
988	双溪	史姆	29.1284	120.5075	28.4		162.9	249.8	162.8	5.6
989	双溪	史姆	29.1285	120.5077	33.52		134.3	481.5	386.5	6
990	双溪	史姆	29.12878	120.5063	30.51		195.7	266.2	344.0	5.8
991	双溪	史姆	29.1302	120.5061	33.02		165.1	66.3	52.8	5.2
992	双溪	王庄	29.11705	120.51158	24.3	1.507	149.94	209.3	266	4.61
993	双溪	王庄	29.11736	120.5119	23.50		139.1	169.0	130.3	5
994	双溪	下山	29.1177	120.5214	24.9		142.5	127.9	65.3	4.8
995	双溪	下山	29.11792	120.50787	17.5	1.027	124.95	38	110	4.63
996	双溪	下山	29.1192	120.5126	27.0		147.7	353.1	102.8	4.7
997	双溪	下坞	29.1324	120.4991	28.8		155.2	99.0	54.0	5
998	双溪	下坞	29.14072	120.5004	35.97	1.824	169.78	136.1	94	5.17
999	双溪	下园	29.10168	120.504	25.79	1.296	132.3	154.6	43	4.55
1000	双溪	下园	29.10255	120.50313	26.68	1.309	151.41	172	80	4.48
1001	双溪	下园	29.1034	120.5034	21.6		124.1	133.7	121.5	6
1002	双溪	下园	29.1071	120.5011	28.20		177.7	195.8	66.5	4.9
1003	双溪	下园	29.1074	120.5013	31.3		183.9	597.5	275.3	6.4
1004	双溪	下园	29.10742	120.50147	31.42	1.64	161.7	159.9	108	4.6
1005	双溪	新东	29.1622	120.5111	27.4		92.3	114.8	69.0	4.8
1006	双溪	梓誉	29.14797	120.49235	23.65	1.333	139.65	76.8	92	4.9
1007	双溪	梓誉	29.14873	120.48483	15.53	0.955	99.22	147.7	116	4.7
1008	双溪	梓誉	29.15035	120.49157	18.58	1.082	86.73	134.7	170	6.35
1009	双溪	梓誉	29.15575	120.49017	27.92	1.488	174.93	234.2	174	4.65
1010	双溪	梓誉	29.1591	120.4882	33.1		70.8	105.3	42.8	5.3
1011	双溪	下园	29.10344	120.5031	28.76		165.1	178.9	81.5	5.1
1012	万苍	安宅	29.17435	120.69228	29.58	1.1	138.18	37.8	220	4.74
1013	万苍	安宅	29.17548	120.68947	31.11	1.451	149.2	118.5	74	5.4
1014	万苍	安宅	29.17728	120.6853	37.74		202.2	91.8	135.3	4.9
1015	万苍	安宅	29.17899	120.68551	20.78	1.282	99.96	7.1	124	5.15
1016	万苍	安宅	29.18029	120.69148	34.92	1.529	142.59	183.9	287	5.95
1017	万苍	安宅	29.18112	120.68797	17.78	0.991	96.28	82.2	124	4.8
1018	万苍	安宅	29.1833	120.6843	48.0		247.1	112.5	230.7	5.4
1019	万苍	大坞	29.20124	120.73802	23.35	1.352	126.42	8.4	713	4.7
1020	万苍	东山	29.19633	120.7089	26.52		119.1	193.4	90.3	4.5
1021	万苍	东山	29.19672	120.7108	42.02		251.7	209.3	146.5	4.3
1022	万苍	东山	29.1975	120.71	45.0		218.2	88.6	114.7	5
1023	万苍	东山	29.19981	120.71241	38.28	1.804	177.87	51	90	4.93
1024	万苍	东山	29.20094	120.71306	31.91	1.841	163.9	75.2	129	5.25
1025	万苍	斐湖	29.18991	120.71524	25.04	1.476	142.32	126.2	428	4.95
1026	万苍	斐湖	29.19026	120.71521	33.6	1.819	165.74	44.3	50	4.6

（续表）

编号	乡镇	村	北纬	东经	有机质 （g/kg）	全氮 （g/kg）	碱解氮 （mg/kg）	有效磷 （mg/kg）	速效钾 （mg/kg）	pH
1027	万苍	斐湖	29.19101	120.71753	18.11	1.68	110.98	92.5	193	4.2
1028	万苍	斐湖	29.19262	120.72061	24.73	1.322	146.27	12.1	74	4.75
1029	万苍	斐湖	29.19357	120.72412	31.2	1.615	162.44	133.6	158	4.85
1030	万苍	斐湖	29.19368	120.71561	36.7	1.722	177.14	186.3	97	4.17
1031	万苍	斐湖	29.1937	120.7154	51.7		270.9	268.1	200.8	4.8
1032	万苍	斐湖	29.19657	120.70968	29.76	1.732	176.4	212.5	112	4.64
1033	万苍	斐湖	29.19717	120.70715	25.45	1.073	97.76	84.2	107	4.2
1034	万苍	斐湖	29.19754	120.70913	33.05	1.478	130.83	38.4	140	4.73
1035	万苍	斐湖	29.19816	120.71051	32.98	1.737	149.2	144.9	113	4.5
1036	万苍	葛依尖	29.19891	120.71929	18.4	0.964	111.72	118.4	184	4.42
1037	万苍	葛依尖	29.19919	120.74821	18.93	1.239	125.68	152.7	188	4.2
1038	万苍	胡庄	29.16708	120.69176	22.68	1.098	112.46	167.1	215	4.62
1039	万苍	胡庄	29.16809	120.68617	25.58	1.183	136.71	202.7	206	4.32
1040	万苍	孔界	29.1731	120.70675	33.3	1.766	157.29	175.3	49	4.75
1041	万苍	孔界	29.17372	120.70749	18.39	0.835	86.73	187.9	193	4.6
1042	万苍	孔界	29.17386	120.70633	19.38	0.996	91.88	33.6	162	4.85
1043	万苍	孔界	29.17491	120.70691	38.94	1.965	182.28	300.4	119	4.6
1044	万苍	楼界	29.1675	120.6717	38.30		195.0	45.8	82.8	4
1045	万苍	楼界	29.16997	120.6682	36.93		164.7	106.6	67.8	5.1
1046	万苍	楼界	29.1792	120.6731	27.17		141.0	92.5	240.3	5
1047	万苍	楼界	29.1819	120.6713	22.8		122.5	95.0	189.6	4.8
1048	万苍	楼界	29.18231	120.6736	29.28	1.989	169.05	60.6	150	4.93
1049	万苍	楼界	29.18658	120.6751	22.50		101.5	9.7	90.3	5.3
1050	万苍	楼界	29.18763	120.67192	25.92	1.638	160.96	27.2	88	4.58
1051	万苍	楼界	29.1885	120.6804	42.52		242.7	57.6	142.8	3.7
1052	万苍	楼界	29.18855	120.67434	43.12	2.102	216.82	0.7	194	5.2
1053	万苍	楼界	29.1886	120.68199	16.4	0.872	92.61	37	163	4.9
1054	万苍	楼界	29.18886	120.67914	22.19	1.154	122.01	67.2	210	4.63
1055	万苍	楼界	29.19059	120.67711	21.32	1.103	110.99	35	103	4.24
1056	万苍	潘界	29.15953	120.6818	30.13		147.2	182.9	56.5	4.5
1057	万苍	潘界	29.16271	120.68348	26.44	1.437	138.18	120.7	114	5.02
1058	万苍	潘界	29.1633	120.6828	50.3		305.0	242.6	125.9	4.7
1059	万苍	潘界	29.16353	120.683	40.13		223.0	201.0	131.5	4.4
1060	万苍	潘界	29.16394	120.68226	24.84	1.146	105.84	38.2	195	5.35
1061	万苍	潘界	29.1675	120.6852	39.8		196.6	320.3	58.5	4.6
1062	万苍	潘界	29.16765	120.68477	30.5	1.486	154.35	186.9	57	4.9
1063	万苍	潘界	29.1681	120.6849	42.50		210.3	322.6	112.8	5
1064	万苍	潘界	29.1728	120.6835	41.0		177.5	96.9	129.7	5.5
1065	万苍	下庄	29.17767	120.6839	25.07		138.8	80.0	259.0	6.1
1066	万苍	下庄	29.17871	120.68399	24.61	1.264	124.95	103.6	97	5.11
1067	万苍	下庄	29.18165	120.68671	21.16	1.281	122.01	38.6	78	4.47
1068	万苍	下庄	29.18231	120.68175	27.62	1.459	126.42	36.6	94	4.55
1069	万苍	下庄	29.18274	120.69434	26.84	1.423	136.71	42	81	4.45
1070	万苍	下庄	29.18384	120.6799	24.79	1.124	178.6	179.1	78	4.37
1071	万苍	下庄	29.18449	120.68376	23.85	1.295	118.34	5.8	78	5
1072	万苍	下庄	29.18735	120.69205	34.38	1.53	124.95	23.2	171	4.48
1073	万苍	下庄	29.1905	120.6884	22.3		110.4	84.7	133.4	4.8
1074	万苍	秧田坑	29.1783	120.6789	22.5		114.2	21.0	133.4	4.5
1075	万苍	秧田坑	29.17833	120.6773	27.76		144.6	42.5	191.5	4.7
1076	万苍	秧田坑	29.17912	120.66535	46.7	2.391	277.1	92.8	267	4.18
1077	万苍	秧田坑	29.17956	120.66914	21	1.036	94.08	6.9	85	4.65
1078	万苍	秧田坑	29.18056	120.6695	20.85		124.1	37.1	97.8	4.8
1079	万苍	秧田坑	29.18072	120.67022	43.81	2.69	213.88	160.3	132	4.6
1080	万苍	秧田坑	29.18077	120.66342	29.4	1.53	128.62	268	101	4.65
1081	万苍	秧田坑	29.1826	120.6669	47.8		225.3	121.2	77.3	5.3
1082	万苍	秧田坑	29.18287	120.6699	27.94	1.218	127.89	24.8	84	4.3
1083	万苍	秧田坑	29.18311	120.6694	49.22		232.5	95.9	112.8	5.4

（续表）

编号	乡镇	村	北纬	东经	有机质 （g/kg）	全氮 （g/kg）	碱解氮 （mg/kg）	有效磷 （mg/kg）	速效钾 （mg/kg）	pH
1084	万苍	秧田坑	29.18521	120.66692	35.86	1.947	166.11	133.5	140	4.7
1085	万苍	秧田坑	29.18559	120.66332	33.24	1.686	172.72	101.8	73	4.6
1086	万苍	赵界	29.19386	120.70046	25.91	1.267	135.24	118.1	100	4.26
1087	万苍	赵界	29.19562	120.70295	26.33	1.396	159.5	334.7	251	4.5
1088	万苍	赵界	29.19591	120.70081	21.42	1.2	87.46	22.2	253	4.71
1089	万苍	赵界	29.19923	120.69897	28.66	1.421	157.29	49.2	535	5.19
1090	万苍	赵界	29.20137	120.69658	28.8	1.298	116.13	65.4	312	4.98
1091	万苍	自然	29.17025	120.6804	46.18		201.2	80.4	116.5	4.8
1092	万苍	自然	29.1707	120.67583	37.1	2.079	185.96	141.1	80	4.95
1093	万苍	自然	29.17101	120.67997	15.89	0.857	97.02	20.6	81	5.05
1094	万苍	自然	29.17167	120.6807	41.58		189.3	116.2	263.0	5.2
1095	万苍	自然	29.1717	120.6809	44.5		203.8	196.6	140.9	5.1
1096	万苍	自然	29.17224	120.67886	34.9	1.601	176.4	155.5	217	5.25
1097	万苍	自然	29.17234	120.6771	23.7	1.275	128.62	136.3	163	4.48
1098	万苍	自然	29.17356	120.6844	51.41		280.2	123.0	105.3	5.1
1099	万苍	自然	29.17457	120.68315	33.9	1.478	135.24	19.6	97	4.8
1100	万苍	自然	29.1811	120.6858	27.2		151.8	296.7	122.2	4.5
1101	维新	丁埠头	28.93319	120.61348	27.38	1.416	150.68	199.9	74	4.45
1102	维新	丁埠头	28.9348	120.6166	28.6		124.6	337.5	101.8	5.2
1103	维新	后甲	28.9169	120.6008	27.7		128.8	104.8	64.6	4.7
1104	维新	后甲	28.9521	120.5228	22.6		86.5	19.8	19.9	5.2
1105	维新	后甲	28.95211	120.59615	23.46	1.32	139.65	69	62	5.13
1106	维新	后甲	28.9527	120.5947	31.5		135.5	184.0	57.2	4.6
1107	维新	后甲	28.95326	120.59371	23.38	1.15	130.47	87	78	6.04
1108	维新	卢村	28.97424	120.63441	29.58	1.478	165.38	184.9	152	4.93
1109	维新	马加坑	28.96081	120.6625	53.52	2.767	261.29	262.6	204	4.69
1110	维新	马加坑	28.9613	120.6622	61.7		277.0	255.2	105.6	4.4
1111	维新	马加坑	28.96347	120.66422	43.58	3.244	348.76	351.9	373	4.08
1112	维新	马加坑	28.9641	120.6637	56.5		251.8	473.2	83.2	4.8
1113	维新	西溪	28.96278	120.62937	28.95	1.403	131.94	172.5	114	4.6
1114	维新	溪下路	28.9212	120.6081	33.1		125.7	179.9	116.7	4.9
1115	维新	新渠	28.91436	120.62745	22.57	1.056	110.99	158.1	210	4.52
1116	维新	新渠	28.91571	120.62766	36.95	1.914	202.49	145.3	121	4.66
1117	新渥	百央	28.93812	120.36988	17.69	0.982	94.82	74	223	4.89
1118	新渥	百央	28.93835	120.36863	19.63	1.133	108.78	97.6	167	4.52
1119	新渥	百央	28.93898	120.36773	21.15	1.102	114.66	68	92	4.56
1120	新渥	百央	28.93983	120.36815	38.58	1.158	109.52	152.7	143	4.68
1121	新渥	百央	28.9399	120.36755	15.11	0.981	89.67	51	94	5.14
1122	新渥	祠下	28.9213	120.35058	19.92	1.034	87.47	85	108	4.86
1123	新渥	祠下	28.92207	120.35217	33.23	1.797	155.82	177.5	191	5.28
1124	新渥	祠下	28.92328	120.35213	16.31	0.969	83.79	121.1	211	4.77
1125	新渥	祠下	28.92632	120.35358	17.47	1.037	99.23	160.3	82	5.17
1126	新渥	祠下	28.9303	120.3575	24.45		137.7	212.3	203.1	4.8
1127	新渥	祠下	28.9314	120.3548	26.48		148.4	249.2	285.1	5
1128	新渥	祠下	28.9322	120.3572	26.30		125.2	217.0	180.7	4.9
1129	新渥	大处	28.9289	120.3658	28.41		136.5	326.2	169.5	4.8
1130	新渥	大麦坞	28.96458	120.4021	26.44	1.731	136.71	212.2	161	4.76
1131	新渥	大麦坞	28.96667	120.41132	32.27	1.867	169.79	176.8	76	4.94
1132	新渥	大山下	28.9567	120.376	25.3		157.4	107.2	142.1	5.1
1133	新渥	大山下	28.97522	120.37135	19.1	1.122	85.99	24.4	89	5.07
1134	新渥	大山下	28.979	120.377	23.0		149.2	72.7	115.7	5.5
1135	新渥	大山下	28.9825	120.3753	21.32		124.0	85.6	173.7	5.1
1136	新渥	大山下	28.984	120.3751	25.1		167.1	74.8	134.5	4.3
1137	新渥	大山下	28.98455	120.37152	21.22	1.29	119.81	83.6	69	4.97
1138	新渥	大山下	28.98694	120.3772	26.04		156.6	34.2	128.1	5.1
1139	新渥	大树下	28.9337	120.3555	26.7		145.3	224.0	257.0	4.9
1140	新渥	大芝山	28.9335	120.3724	23.8		156.7	174.0	225.0	4.73

（续表）

编号	乡镇	村	北纬	东经	有机质 （g/kg）	全氮 （g/kg）	碱解氮 （mg/kg）	有效磷 （mg/kg）	速效钾 （mg/kg）	pH
1141	新渥	大芝山	28.9567	120.3717	24.6		143.9	236.5	176.0	5
1142	新渥	大芝山	28.95963	120.36932	22.09	1.354	130.1	134.5	168	5.01
1143	新渥	大芝山	28.9683	120.3741	25.0		157.6	106.6	145.9	4.5
1144	新渥	大芝山	28.96833	120.3739	25.32		161.1	184.7	230.6	5.2
1145	新渥	弹口下	28.9293	120.3538	18.9		82.6	179.2	293.8	5.3
1146	新渥	弹口下	28.9306	120.3545	27.6		145.5	246.1	230.4	4.8
1147	新渥	弹口下	28.9318	120.3561	22.5		130.2	158.8	241.6	5
1148	新渥	古竹	28.94287	120.38853	10.57	0.657	99.96	102.2	233	4.65
1149	新渥	古竹	28.9485	120.3932	13.7		92.3	117.6	149.6	4.5
1150	新渥	古竹	28.9493	120.3912	17.7		91.0	124.8	164.7	4.2
1151	新渥	古竹	28.9493	120.3916	15.99		94.6	118.7	180.7	4.7
1152	新渥	古竹	28.95028	120.3933	15.81		107.0	73.3	199.4	5.1
1153	新渥	古竹	28.95333	120.3875	27.08	1.63	134.51	74	64	4.7
1154	新渥	古竹	28.9551	120.38783	23.45	1.434	159.87	116.9	156	4.81
1155	新渥	后陈	28.9525	120.3442	31.1		181.5	244.9	187.3	4.6
1156	新渥	金山	28.9294	120.3559	22.0		174.4	316.2	312.5	4.2
1157	新渥	金山	28.9309	120.3566	26.1		143.2	216.1	167.0	4.8
1158	新渥	金山	28.9316	120.3659	25.9		152.8	352.9	111.9	4.6
1159	新渥	金山	28.9318	120.3658	26.4		145.7	372.6	206.2	4.9
1160	新渥	金山	28.9329	120.3651	28.5		153.9	357.2	206.2	5
1161	新渥	金山	28.9336	120.3644	25.50		144.8	221.8	132.2	4.7
1162	新渥	金山	28.9343	120.3655	28.11		136.7	232.2	229.2	4.9
1163	新渥	金山	28.9343	120.3693	28.5		167.9	386.6	157.2	4.7
1164	新渥	金山	28.9346	120.3697	25.21		141.6	269.9	191.9	5
1165	新渥	金山	28.9348	120.3636	26.89		136.9	217.4	210.5	5
1166	新渥	金山	28.9348	120.3652	27.6		141.1	324.0	274.0	5.7
1167	新渥	金山	28.9349	120.3667	28.8		156.1	310.2	236.3	4.6
1168	新渥	金山	28.9353	120.3636	28.3		150.4	339.4	202.4	4.7
1169	新渥	金山	28.9224	120.34307	21.48	1.397	124.22	98.5	151	4.65
1170	新渥	金山	28.93562	120.3591	20.78	1.446	144.06	73.6	78	5.05
1171	新渥	麻车下	28.9873	120.3739	32.95	1.607	138.18	0.5	57	5.67
1172	新渥	马汪堂	28.94083	120.36798	20.7	1.202	113.19	70.2	163	4.85
1173	新渥	马汪堂	28.94173	120.36737	19.17	1.101	95.55	135.5	160	4.74
1174	新渥	山干	28.9241	120.3529	22.0		138.3	173.2	155.8	5
1175	新渥	山干	28.9254	120.3511	24.1		159.3	217.9	170.8	4.6
1176	新渥	山干	28.9259	120.3541	27.1		119.1	209.9	245.4	5.1
1177	新渥	上加	28.96083	120.38417	18.28	1.019	101.8	175.7	236	4.57
1178	新渥	上加	28.9641	120.3903	24.86		162.7	302.0	404.5	5.5
1179	新渥	上卢	28.9491	120.3917	18.35		83.0	128.5	158.3	5.2
1180	新渥	上卢	28.9506	120.38567	31.16	0.94	83.06	9.1	64	5.15
1181	新渥	上卢	28.96467	120.3952	24.17	1.448	117.97	91.4	195	4.73
1182	新渥	上卢	28.9669	120.3916	20.1		123.4	275.1	270.0	5.5
1183	新渥	上卢	28.9681	120.3972	29.00		143.6	74.4	121.0	5.2
1184	新渥	双槐	28.9674	120.3597	23.42	1.236	110.25	168.9	181	4.89
1185	新渥	寺堂下	28.9277	120.3544	24.5		138.8	270.6	301.3	4.5
1186	新渥	寺堂下	28.9285	120.355	25.5		126.9	251.7	208.1	6.3
1187	新渥	外田口	28.9415	120.3349	25.32		176.2	169.9	184.4	4.1
1188	新渥	外田口	28.9417	120.3351	3.23		9.5	74.3	117.3	6.5
1189	新渥	外田口	28.94323	120.33797	21.36	1.071	83.79	199.3	156	3.83
1190	新渥	外田口	28.9507	120.3413	30.93		172.2	252.7	240.4	4.5
1191	新渥	西湖	28.9307	120.3439	26.47		133.1	176.2	143.4	4.8
1192	新渥	西湖	28.9327	120.3439	26.4		139.1	238.5	152.1	4.7
1193	新渥	西湖	28.9328	120.3435	26.66		125.1	106.1	83.7	5.1
1194	新渥	西湖	28.93403	120.33877	30.92	1.667	135.98	150.7	79	4.75
1195	新渥	西湖	28.9341	120.3429	26.2		140.6	151.7	170.8	4.6
1196	新渥	西湖	28.9341	120.3432	29.80		125.9	280.0	173.2	4.8
1197	新渥	西湖	28.9365	120.3422	28.9		167.8	350.8	234.2	5

附表　磐安县部分耕地土壤分析结果汇总表（2009—2017 年）

（续表）

编号	乡镇	村	北纬	东经	有机质（g/kg）	全氮（g/kg）	碱解氮（mg/kg）	有效磷（mg/kg）	速效钾（mg/kg）	pH
1198	新渥	西湖	28.9371	120.3422	28.24		173.2	368.4	255.3	5.1
1199	新渥	西湖	28.9383	120.3417	28.30		130.4	214.4	191.9	4.7
1200	新渥	西湖	28.9409	120.3347	34.87		172.0	260.6	236.7	4.8
1201	新渥	西庄	28.9372	120.3735	29.4		164.5	142.4	228.8	4.8
1202	新渥	西庄	28.95861	120.3739	28.00		168.3	171.2	257.2	4.8
1203	新渥	西庄	28.9624	120.3732	26.8		164.0	132.5	187.3	4.9
1204	新渥	西庄	28.9625	120.3733	25.73		167.7	137.8	215.5	4.9
1205	新渥	祥里	28.9382	120.3794	30.7		202.4	71.2	221.3	5.3
1206	新渥	新渥	28.8515	120.37022	26.73	1.475	144.06	211.7	98	4.9
1207	新渥	新渥	28.9392	120.37103	20.63	1.077	99.96	139.7	165	4.32
1208	新渥	新渥	28.9512	120.3709	23.46	1.472	127.16	64	181	5.7
1209	新渥	岩上	28.93893	120.39015	25.52	1.381	119.07	180.2	57	5.01
1210	新渥	岩上	28.9492	120.3918	20.40		130.3	141.5	132.2	5.7
1211	新渥	杨山	28.94088	120.32268	22.66	1.241	119.81	165.1	152	4.55
1212	新渥	永加	28.94317	120.35377	27.18	1.402	126.42	121.5	93	4.76
1213	新渥	永加	28.9503	120.3572	26.5		158.2	207.5	176.0	5.2
1214	新渥	永加	28.9514	120.3507	24.3		152.4	225.6	108.2	4.7
1215	新渥	永加	28.9524	120.3575	29.1		186.3	368.5	183.6	5.3
1216	新渥	永加	28.9526	120.3474	27.8		170.0	272.9	292.9	5.1
1217	新渥	永加	28.9546	120.3579	25.1		149.5	295.9	168.5	5
1218	新渥	永加	28.9563	120.359	27.1		141.3	187.2	194.9	4.6
1219	新渥	永加	28.9571	120.3598	26.1		134.1	299.7	138.3	5
1220	新渥	宅口	28.9375	120.3843	22.90		125.4	182.6	135.7	4.9
1221	新渥	宅口	28.9376	120.3841	22.54		138.8	112.0	143.3	4.8
1222	新渥	宅口	28.9378	120.3831	25.48		143.2	102.0	166.1	4.9
1223	新渥	宅口	28.9382	120.3855	29.33		162.2	148.0	135.7	4.2
1224	新渥	宅口	28.9385	120.3844	26.61		151.0	157.9	255.0	5.2
1225	新渥	宅口	28.94072	120.3744	31.47	1.644	158.03	192.7	208	4.72
1226	新渥	宅口	28.94227	120.37363	15.62	1.187	99.23	115.1	175	4.93
1227	新渥	宅口	28.9432	120.38695	23.59	1.35	118.34	110.2	152	4.69
1228	新渥	宅口	28.9454	120.3601	24.1		153.2	135.4	145.9	4.8
1229	新渥	宅口	28.9455	120.3842	25.6		145.5	98.1	172.2	4.5
1230	新渥	宅口	28.9523	120.38167	23.92	1.368	105.85	52.6	110	4.65
1231	新渥	中卢	28.9553	120.3875	23.92	1.485	139.29	59.7	129	4.68
1232	新渥	中卢	28.95533	120.39167	27.74	1.567	142.96	129.9	78	5.32
1233	新渥	中卢	28.9655	120.3917	25.2		163.8	250.5	176.0	4.7
1234	窈川	白岩头	29.12954	120.57869	25.32	1.205	122.74	125.7	268	4.88
1235	窈川	白岩头	29.13173	120.58079	16.08	1.077	93.35	101.7	261	4.86
1236	窈川	川二	29.09259	120.55032	24.59	1.337	136.34	97.4	198	4.57
1237	窈川	川二	29.09348	120.55113	76.88	1.45	167.21	117.9	60	4.7
1238	窈川	川二	29.1001	120.5438	26.30		154.9	118.8	81.5	5.1
1239	窈川	川二	29.1005	120.5447	26.63		145.8	197.1	152.8	4.8
1240	窈川	川二	29.10194	120.5424	27.64		151.3	187.0	111.5	5.1
1241	窈川	川二	29.10253	120.5407	31.50		159.0	114.1	115.3	5.3
1242	窈川	川一	29.08695	120.55178	37.67	1.886	184.88	321.2	215	4.49
1243	窈川	川一	29.08832	120.55028	30.46	1.397	129.73	274.2	339	4.86
1244	窈川	川一	29.08836	120.55159	18.35	0.795	83.05	80.6	231	5.49
1245	窈川	川一	29.08867	120.5513	32.50		179.6	156.8	66.5	5
1246	窈川	川一	29.0887	120.5501	32.1		164.7	265.0	46.5	5.1
1247	窈川	川一	29.09056	120.5494	19.54	1.08	117.59	96.4	251	4.79
1248	窈川	川一	29.09225	120.5534	35.60		184.8	178.5	66.5	5.2
1249	窈川	川一	29.0923	120.5501	35.6		185.5	413.0	72.8	4.3
1250	窈川	川一	29.0936	120.5528	35.4		162.0	328.8	50.3	5.3
1251	窈川	川一	29.09394	120.5516	32.09		157.0	202.3	77.8	5.2
1252	窈川	赐敕	29.08561	120.58341	31.18	1.642	162.8	192.1	64	4.76
1253	窈川	赐敕	29.08747	120.58306	20.3	1.403	163.9	405.7	392	4.71
1254	窈川	横山	29.0857	120.56041	17.5	1.034	99.59	175.1	309	5.25

（续表）

编号	乡镇	村	北纬	东经	有机质 （g/kg）	全氮 （g/kg）	碱解氮 （mg/kg）	有效磷 （mg/kg）	速效钾 （mg/kg）	pH
1255	窈川	横山	29.09914	120.56067	24.5	1.381	206.53	121.7	73	4.8
1256	窈川	岭溪	29.11374	120.56879	33.82	1.841	176.4	202.2	110	5.49
1257	窈川	塘坑	29.12059	120.57334	24.81	1.257	115.39	120.6	95	4.86
1258	窈川	塘坑	29.12163	120.57446	31.56	1.709	165.37	116.6	86	4.92
1259	窈川	下岭	29.11495	120.56893	19.6	1.199	126.05	184.7	89	4.47
1260	窈川	下岭	29.11629	120.56519	18.23	1.025	97.75	182.3	343	6.41
1261	窈川	窈川	29.1003	120.5512	26.0		115.3	145.9	80.3	4.8
1262	窈川	窈川	29.1025	120.5462	29.4		148.7	212.0	72.8	4.7
1263	窈川	依山下	29.0751	120.5403	51.6		231.4	832.7	177.8	4.8
1264	窈川	依山下	29.08001	120.55275	30.31	1.803	210.57	378.5	252	4.46
1265	窈川	依山下	29.08051	120.55037	46.47	2.013	210.94	357.1	228	4.89
1266	窈川	玉长坑	29.09961	120.58643	25.64	1.473	131.56	41.4	91	4.5
1267	玉山	大比头	29.20389	120.7141	36.54		166.6	33.3	97.8	4.7
1268	玉山	大比头	29.22689	120.7	34.60		160.7	86.5	154.0	4.4
1269	玉山	大比头	29.2271	120.6998	38.8		201.5	33.0	148.0	5.9
1270	玉山	方塘	29.2214	120.66493	31.36	1.763	149.21	22.8	103	4.81
1271	玉山	方塘	29.22237	120.66542	31.87	1.792	156.56	45.4	100	4.99
1272	玉山	方塘	29.22353	120.66421	24.2	1.548	135.24	9.5	86	5.22
1273	玉山	方塘	29.22376	120.66582	31.98	1.805	163.17	150.8	87	4.46
1274	玉山	方塘	29.22425	120.66561	21.2	1.352	121.28	170.2	150	4.6
1275	玉山	方塘	29.22592	120.66881	28.05	1.575	129.36	41.6	63	5.02
1276	玉山	浮牌	29.20583	120.65768	20.53	1.317	101.43	5.3	121	5.14
1277	玉山	浮牌	29.2068	120.65518	17.51	1.094	94.81	5.5	95	4.97
1278	玉山	浮牌	29.20838	120.65603	19.85	1.381	110.98	37.2	144	4.8
1279	玉山	浮牌	29.2092	120.6645	22.92		108.6	11.0	166.6	5.7
1280	玉山	浮牌	29.20967	120.6633	37.00		173.1	42.4	196.8	5.1
1281	玉山	浮牌	29.21008	120.66014	32.07	1.93	227.11	220	150	4.19
1282	玉山	浮牌	29.2104	120.6623	25.0		96.1	8.5	91.5	4.9
1283	玉山	浮牌	29.2112	120.6594	35.2		208.2	29.5	117.8	4.3
1284	玉山	浮牌	29.21133	120.6615	32.70		158.2	68.7	98.6	4.9
1285	玉山	浮牌	29.21153	120.663	22.42		108.4	11.5	170.4	5.2
1286	玉山	浮牌	29.21228	120.65986	17.27	1.087	91.87	3.4	65	4.72
1287	玉山	浮牌	29.2142	120.6619	26.4		126.3	16.6	121.5	5.2
1288	玉山	浮牌	29.2145	120.6586	30.69		163.7	79.6	132.6	4.7
1289	玉山	隔水	29.23528	120.63832	22.91	1.05	98.49	79.6	112	5.27
1290	玉山	隔水	29.23574	120.64431	21.29	1.241	120.17	34.4	104	4.92
1291	玉山	隔水	29.23592	120.64543	28.45	1.608	156.19	72	118	4.82
1292	玉山	隔水	29.23663	120.63929	33.39	1.628	159.49	159.4	48	5.08
1293	玉山	隔水	29.23678	120.64179	23.07	1.344	147.74	130.3	168	4.64
1294	玉山	隔水	29.23767	120.3761	27.51	1.441	125.68	12.2	46	4.79
1295	玉山	隔水	29.23827	120.64003	18.06	1.028	135.24	230.7	248	5.21
1296	玉山	佳村	29.2219	120.6849	32.13	1.852	168.31	150.3	122	4.57
1297	玉山	佳村	29.2249	120.68736	34.5	1.99	165.74	102.6	39	4.71
1298	玉山	佳村	29.22532	120.6852	30.29	1.825	172.72	151.7	122	4.74
1299	玉山	佳村	29.22561	120.6944	39.60		250.2	136.7	161.5	4.7
1300	玉山	佳村	29.22589	120.6977	21.50		112.6	74.8	165.3	4.5
1301	玉山	佳村	29.2263	120.685	31.6		161.7	35.7	91.5	4.8
1302	玉山	孔畈	29.22603	120.67137	37.6	2.232	205.8	14.8	55	4.92
1303	玉山	孔畈	29.22709	120.67106	30.62	2.023	160.97	47	54	4.72
1304	玉山	孔畈	29.2284	120.6711	34.6		189.7	13.2	39.0	5.2
1305	玉山	孔宅	29.21504	120.68006	33.11	2.036	203.59	97.4	42	4.34
1306	玉山	孔宅	29.21594	120.68437	29.49	2.042	170.52	114.9	40	5.71
1307	玉山	林宅	29.22253	120.67597	35.72	2.03	185.58	114.5	48	4.27
1308	玉山	林宅	29.22398	120.67507	16.02	1.101	95.18	7.9	56	4.73
1309	玉山	林宅	29.22578	120.6862	33.98		189.3	64.1	124.0	5.1
1310	玉山	林宅	29.23119	120.6817	39.01		220.4	146.7	112.8	4.9
1311	玉山	林宅	29.2315	120.6802	53.3		261.7	33.1	102.8	4.5

（续表）

编号	乡镇	村	北纬	东经	有机质（g/kg）	全氮（g/kg）	碱解氮（mg/kg）	有效磷（mg/kg）	速效钾（mg/kg）	pH
1312	玉山	林宅	29. 23345	120. 67048	44. 38	2. 533	191. 83	59. 6	122	4. 87
1313	玉山	林宅	29. 23361	120. 6744	41. 90		240. 2	124. 8	204. 4	4. 8
1314	玉山	林宅	29. 23425	120. 67481	31. 36	1. 868	169. 05	38. 8	111	4. 65
1315	玉山	林宅	29. 23453	120. 6821	44. 33		216. 4	51. 6	75. 3	4. 5
1316	玉山	林宅	29. 23497	120. 6754	38. 52		194. 2	51. 3	102. 4	4. 6
1317	玉山	林宅	29. 23503	120. 67401	27. 77	1. 466	139. 65	20. 8	224	5. 08
1318	玉山	林宅	29. 23622	120. 66883	15. 67	0. 982	83. 05	31. 6	98	4. 4
1319	玉山	林宅	29. 2363	120. 6853	27. 8		152. 9	59. 7	110. 3	4. 4
1320	玉山	林宅	29. 23643	120. 67357	25. 73	1. 598	141. 12	50. 2	79	4. 77
1321	玉山	林宅	29. 23706	120. 672	29. 20		141. 6	141. 6	113. 0	4. 6
1322	玉山	林宅	29. 23856	120. 6618	25. 06		107. 7	14. 4	136. 4	4. 9
1323	玉山	林宅	29. 23931	120. 6664	27. 36		113. 2	44. 9	144. 0	4. 9
1324	玉山	林宅	29. 23947	120. 66842	25. 22	1. 442	133. 4	81. 8	191	4. 47
1325	玉山	林宅	29. 24035	120. 67014	41. 46	1. 966	170. 88	14	140	4. 86
1326	玉山	林宅	29. 24281	120. 66924	47. 47	2. 632	219. 03	23. 2	180	5. 06
1327	玉山	岭口	29. 22781	120. 64619	22. 73	1. 293	127. 16	22. 8	82	4. 97
1328	玉山	岭口	29. 22829	120. 64771	20. 82	1. 15	122. 75	39. 4	388	4. 87
1329	玉山	岭口	29. 2288	120. 64944	23. 54	1. 469	153. 62	56. 8	97	4. 43
1330	玉山	岭口	29. 22891	120. 64582	25. 45	1. 551	147	145. 3	120	4. 81
1331	玉山	岭口	29. 22962	120. 64387	16. 78	1. 018	97. 02	8. 6	78	4. 89
1332	玉山	岭口	29. 22969	120. 66178	24. 56	1. 494	144. 79	21. 2	134	4. 95
1333	玉山	岭口	29. 23008	120. 6507	32. 55	1. 964	169. 79	149. 5	46	4. 78
1334	玉山	岭口	29. 2307	120. 64994	23. 95	1. 554	149. 94	2. 3	56	5. 06
1335	玉山	岭口	29. 2314	120. 6508	40. 0		157. 8	57. 1	132. 8	4. 8
1336	玉山	岭口	29. 23164	120. 65119	32. 38	1. 949	170. 52	62. 2	88	5. 02
1337	玉山	岭口	29. 2317	120. 7382	45. 0		228. 7	19. 0	119. 0	4. 5
1338	玉山	岭口	29. 23181	120. 6521	38. 20		199. 3	61. 2	125. 1	4. 7
1339	玉山	岭口	29. 23207	120. 65352	31. 8	1. 727	179. 61	142. 7	104	4. 16
1340	玉山	岭口	29. 2374	120. 6597	32. 2		155. 5	26. 0	46. 5	5
1341	玉山	岭口	29. 2433	120. 6453	34. 02		146. 8	135. 3	45. 8	5
1342	玉山	岭口	29. 244	120. 6441	43. 0		181. 4	60. 7	54. 0	5. 2
1343	玉山	岭口	29. 24531	120. 6436	41. 15		179. 7	187. 5	117. 5	4. 8
1344	玉山	马山塘	29. 2293	120. 6742	29. 3		150. 1	5. 3	27. 8	5. 2
1345	玉山	马塘	29. 21219	120. 6841	33. 27	2. 047	203. 59	110. 6	53	4. 26
1346	玉山	马塘	29. 2124	120. 6796	35. 6		167. 9	68. 8	31. 5	4. 8
1347	玉山	马塘	29. 21702	120. 67185	39. 2	2. 425	185. 22	117. 7	58	4. 89
1348	玉山	马塘	29. 2175	120. 6749	32. 7		177. 8	216. 2	174. 0	4. 3
1349	玉山	马塘	29. 21757	120. 67446	24. 47	2. 102	186. 69	129. 7	44	5
1350	玉山	马塘	29. 21788	120. 67853	12. 3	0. 859	83. 79	30	157	4. 7
1351	玉山	马塘	29. 21831	120. 6759	31. 98		145. 3	13. 9	42. 0	4. 9
1352	玉山	马塘	29. 21972	120. 6788	28. 98		177. 8	194. 0	83. 5	4. 8
1353	玉山	马塘	29. 22001	120. 67304	33. 18	1. 934	178. 6	74. 2	368	4. 89
1354	玉山	妙塘	29. 22385	120. 69655	18. 28	1. 183	106. 2	176. 5	110	4. 17
1355	玉山	妙塘	29. 22407	120. 69885	42. 02	2. 396	203. 59	71. 6	179	5. 3
1356	玉山	妙塘	29. 22564	120. 6933	74. 3		340. 8	77. 9	234. 0	5. 7
1357	玉山	妙塘	29. 2259	120. 6965	27. 5		173. 9	120. 1	91. 5	4. 6
1358	玉山	上月坑	29. 25675	120. 66754	27. 28	1. 635	149. 94	63. 2	100	4. 32
1359	玉山	铁店	29. 20538	120. 68487	20. 39	1. 431	152. 88	133. 5	84	7. 18
1360	玉山	铁店	29. 20542	120. 68358	27. 26	1. 689	138. 18	7. 5	38	4. 83
1361	玉山	铁店	29. 2074	120. 6893	23. 2		114. 3	45. 7	58. 5	4. 9
1362	玉山	铁店	29. 20778	120. 6896	24. 39		119. 5	61. 6	72. 2	5. 1
1363	玉山	铁店	29. 2102	120. 6842	17. 8		71. 0	13. 1	99. 0	4. 7
1364	玉山	铁店	29. 2121	120. 6541	72. 7		327. 6	36. 1	223. 2	5. 6
1365	玉山	西坑畈	29. 22678	120. 672	35. 46		175. 7	56. 0	98. 6	4. 8
1366	玉山	下月坑	29. 25635	120. 67089	21. 48	1. 205	120. 54	159. 7	178	4. 45
1367	玉山	下月坑	29. 25648	120. 67227	19. 79	1. 176	122. 75	19. 4	130	4. 53
1368	玉山	向头	29. 2163	120. 6956	16. 9		81. 0	45. 3	92. 2	4. 7

（续表）

编号	乡镇	村	北纬	东经	有机质 （g/kg）	全氮 （g/kg）	碱解氮 （mg/kg）	有效磷 （mg/kg）	速效钾 （mg/kg）	pH
1369	玉山	向头	29.21855	120.6921	20.1	1.131	91.87	43.2	151	4.66
1370	玉山	向头	29.2283	120.68783	25.24	1.685	147	169.8	214	4.49
1371	玉山	新艳	29.23239	120.65657	20.84	1.113	108.78	130.1	133	4.47
1372	玉山	新艳	29.23353	120.65297	25.46	1.49	136.71	38.4	31	4.94
1373	玉山	新艳	29.23526	120.65536	19.49	1.449	127.16	37.6	67	4.27
1374	玉山	新艳	29.23553	120.65403	42.95	1.953	210.95	116.5	138	4.1
1375	玉山	新艳	29.23575	120.6561	32.47		155.6	13.6	110.0	4.8
1376	玉山	新艳	29.23726	120.65813	23.9	1.347	124.22	72.2	63	4.66
1377	玉山	新艳	29.23884	120.65563	28.47	1.711	196.98	28.8	136	4.98
1378	玉山	元里	29.20736	120.6555	44.51		220.8	206.1	121.3	4.6
1379	玉山	元里	29.20804	120.65596	39.09	2.354	199.18	113.2	48	4.88
1380	玉山	元里	29.20834	120.65406	35.52	2.184	196.24	177.5	56	4.86
1381	玉山	元里	29.20915	120.65351	34.7	2.045	152.88	135.3	142	4.26
1382	玉山	元里	29.20987	120.65178	33.52	2.029	183.01	59.8	49	5.05
1383	玉山	张村	29.20156	120.6387	27.37		138.0	53.1	238.4	4.6
1384	玉山	张村	29.2016	120.6386	26.3		117.1	47.6	211.5	4.8
1385	玉山	张村	29.20242	120.65043	26.34	1.599	130.83	141.5	129	4.82
1386	玉山	张村	29.20252	120.6373	38.07	2.73	197.72	123.9	53	4.75
1387	玉山	张村	29.20421	120.64574	22.31	1.565	136.71	31.6	40	4.95
1388	玉山	张村	29.20433	120.651	31.1	1.828	154.35	93.6	93	4.96
1389	玉山	张村	29.20469	120.652	28.11		158.1	142.2	211.9	5.1
1390	玉山	张村	29.20813	120.64665	25.36	1.572	123.48	125.3	119	4.65
1391	玉山	珍溪	29.26318	120.67317	24.34	1.399	139.65	76	108	4.23
1392	玉山	珍溪	29.26472	120.66671	30.17	1.628	150.68	146.8	116	4.7
1393	玉山	珍溪	29.26488	120.67082	25.37	1.39	138.18	119.4	78	4.3
1394	玉山	中湖	29.2252	120.66093	29.31	1.825	186.69	130.7	181	4.91
1395	玉山	中湖	29.22567	120.65936	28.85	1.449	166.11	150.1	141	4.75
1396	玉山	中湖	29.2294	120.6591	37.4		168.0	200.9	159.0	4.7
1397	玉山	中湖	29.23072	120.6589	33.74		165.5	77.9	132.6	4.8

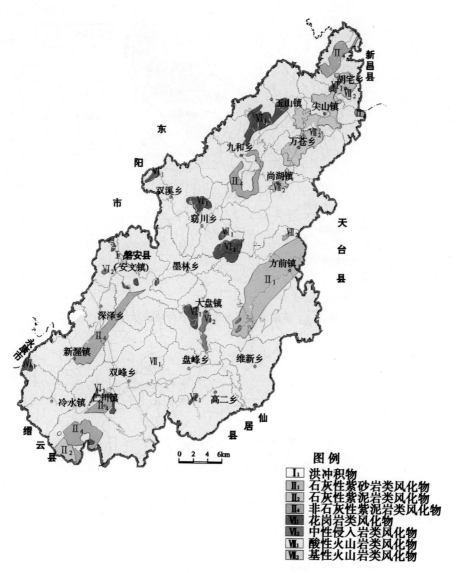

图 例

I₁	洪冲积物
II₁	石灰性紫砂岩类风化物
II₂	石灰性紫泥岩类风化物
II₄	非石灰性紫泥岩类风化物
VI₁	花岗岩类风化物
VI₂	中性侵入岩类风化物
VII₁	酸性火山岩类风化物
VII₂	基性火山岩类风化物

图 1-1　磐安县成土母质

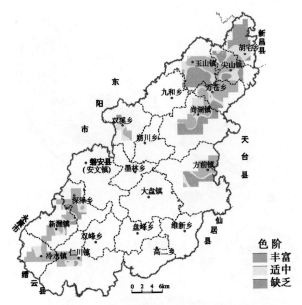

图 4-1 调查区土壤有效钼丰缺评价现状

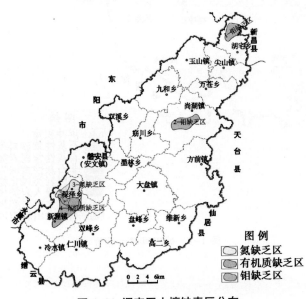

图 4-2 调查区土壤缺素区分布

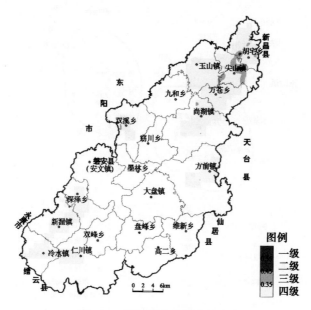

图 4-3 调查区土壤硒含量分布

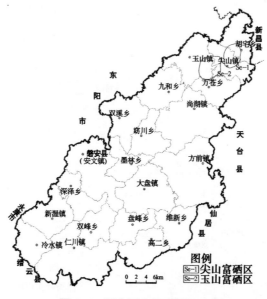

图 4-4 调查区土壤富硒区分布

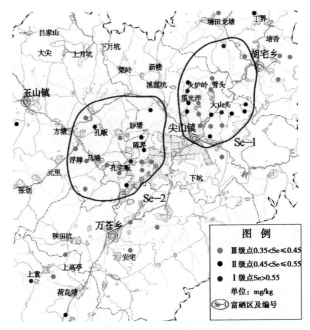

图 4-5 磐安县土壤富硒区详图

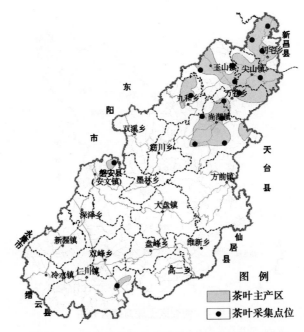

附图 2-1 磐安县茶叶主产区分布图及样品采集点位

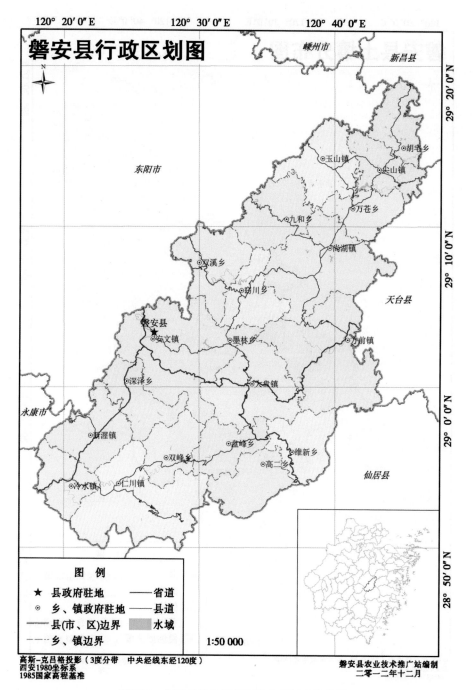

磐安县行政区划图

120° 20′ 0″ E   120° 30′ 0″ E   120° 40′ 0″ E

29° 20′ 0″ N
29° 10′ 0″ N
29° 0′ 0″ N
28° 50′ 0″ N

嵊州市   新昌县

东阳市

◎玉山镇   ◎胡宅乡
◎尖山镇

◎万苍乡
◎九和乡

◎尚湖镇

◎双溪乡

◎窈川乡   天台县

磐安县
★安文镇   ◎墨林乡   ◎方前镇

◎深泽乡   ◎大盘镇

永康市

◎新渥镇   ◎盘峰乡   ◎维新乡
◎双峰乡   ◎高二乡   仙居县

◎冷水镇   ◎仁川镇

图 例

★ 县政府驻地   —— 省道
◎ 乡、镇政府驻地   —— 县道
—— 县(市、区)边界   ▨ 水域
--- 乡、镇边界

1:50 000

高斯—克吕格投影（3度分带 中央经线东经120度）
西安1980坐标系
1985国家高程基准

磐安县农业技术推广站编制
二零一二年十二月

附图1 磐安县行政区划图及在浙江省的位置

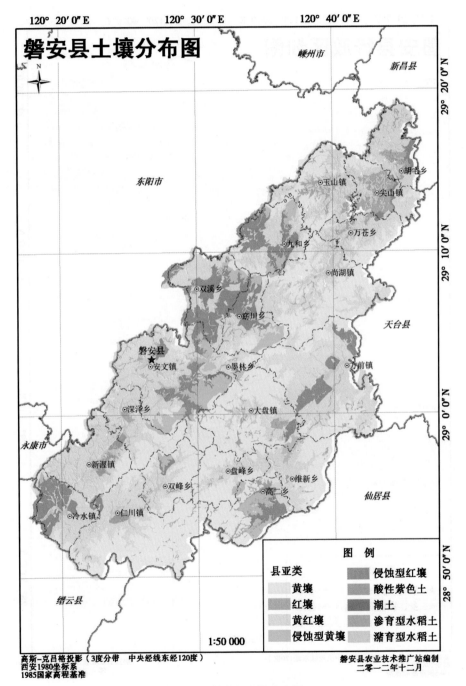

附图 2　磐安县土壤分布图

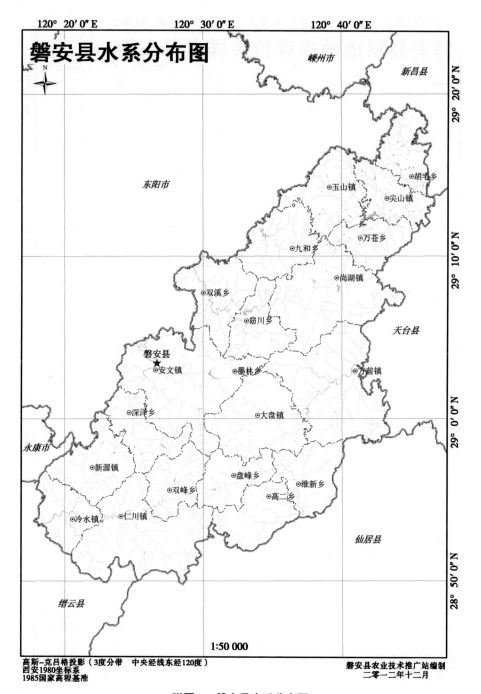

附图3　磐安县水系分布图

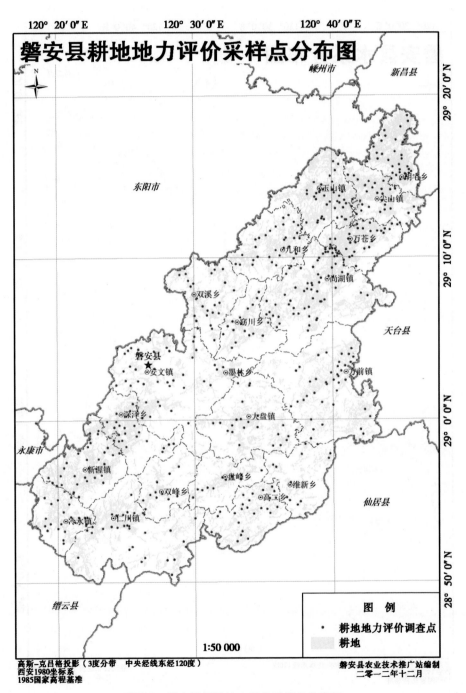

附图4　磐安县耕地地力评价采样点分布图

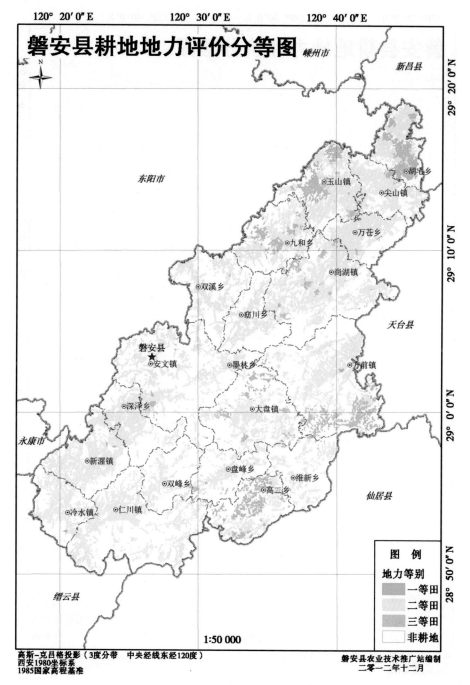

磐安县耕地地力评价分等图

嵊州市

新昌县

东阳市

玉山镇

胡宅乡

尖山镇

万苍乡

九和乡

尚湖镇

双溪乡

窈川乡

天台县

磐安县
★
安文镇

墨林乡

万前镇

深泽乡

大盘镇

永康市

新渥镇

盘峰乡

维新乡

双峰乡

高二乡

仙居县

冷水镇

仁川镇

缙云县

1:50 000

29° 20′ N

29° 10′ N

29° 0′ 0″ N

28° 50′ 0″ N

图　例	
地力等别	
	一等田
	二等田
	三等田
	非耕地

高斯－克吕格投影（3度分带　中央经线东经120度）
西安1980坐标系
1985国家高程基准

磐安县农业技术推广站编制
二零一二年十二月

附图 5　磐安县耕地地力评价分等图

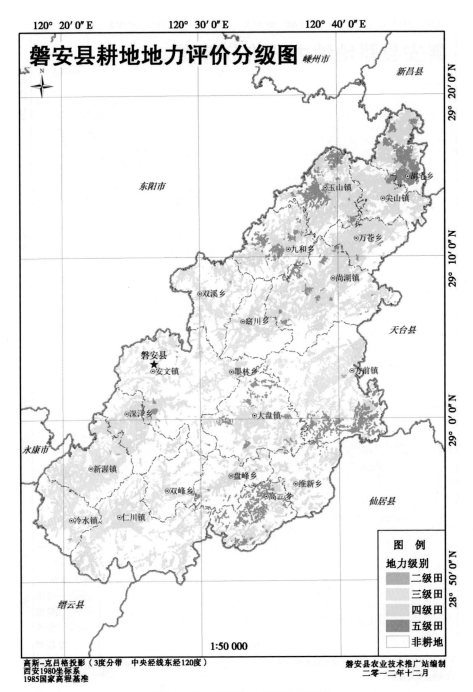

附图6　磐安县耕地地力评价分级图

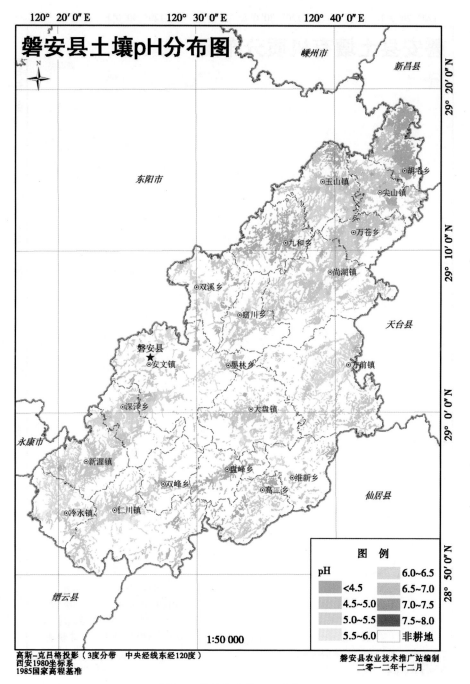

附图7 磐安县土壤 pH 分布图

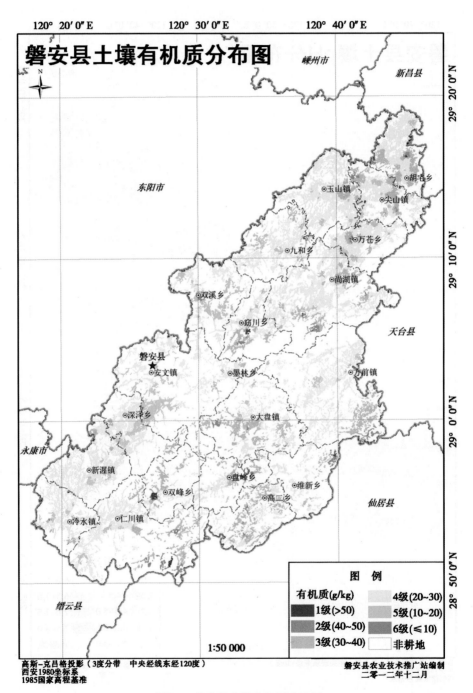

附图8　磐安县土壤有机质分布图

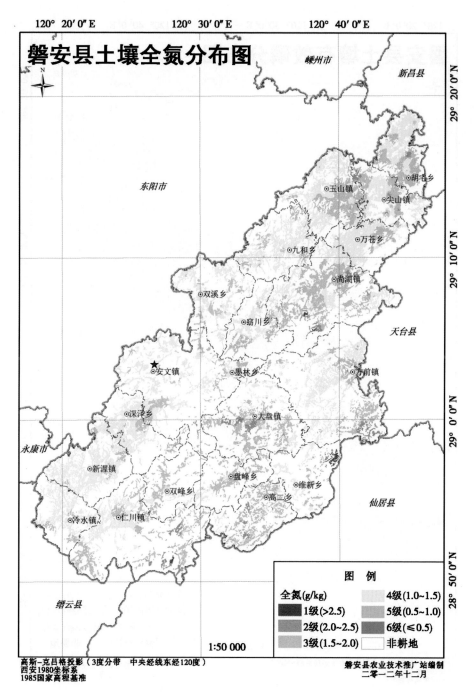

附图9 磐安县土壤全氮分布图

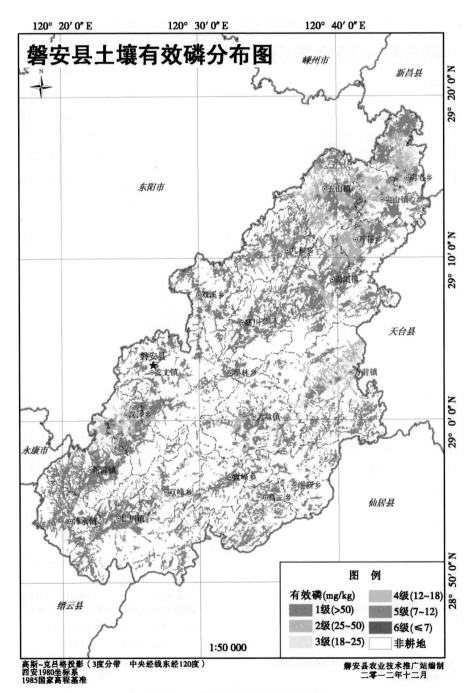

附图10　磐安县土壤有效磷分布图

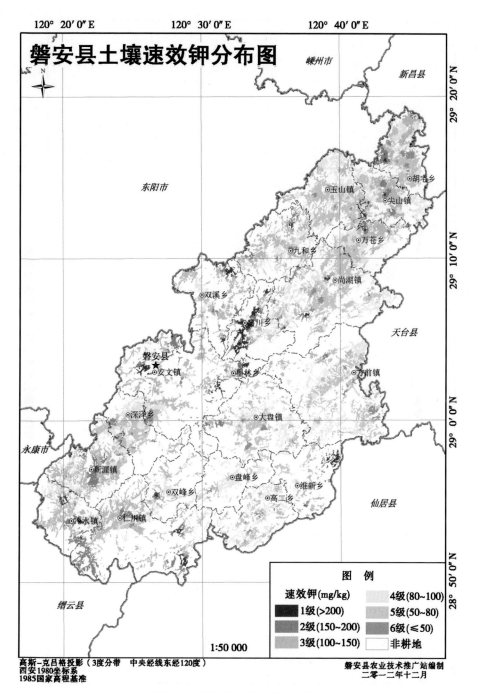

附图11 磐安县土壤速效钾分布图

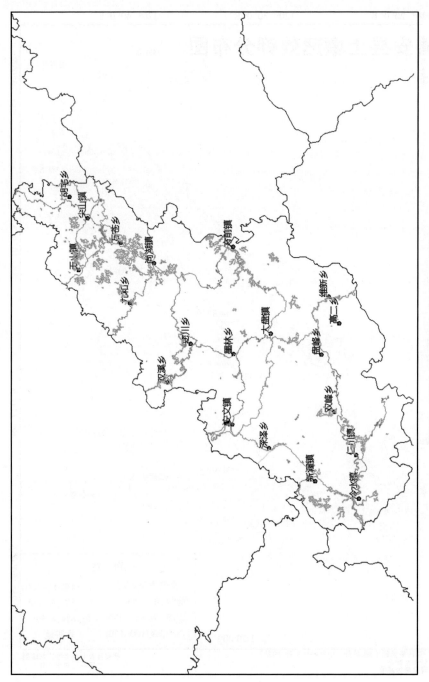

附图12 磐安县调查区标准农田分布图